BEI GRIN MACHT SICH IHR WISSEN BEZAHLT

- Wir veröffentlichen Ihre Hausarbeit, Bachelor- und Masterarbeit

- Ihr eigenes eBook und Buch - weltweit in allen wichtigen Shops

- Verdienen Sie an jedem Verkauf

Jetzt bei www.GRIN.com hochladen und kostenlos publizieren

Ernst Probst

Der Ur-Rhein. Rheinhessen vor zehn Millionen Jahren

GRIN Verlag

Bibliografische Information der Deutschen Nationalbibliothek:

Die Deutsche Bibliothek verzeichnet diese Publikation in der Deutschen Nationalbibliografie; detaillierte bibliografische Daten sind im Internet über http://dnb.d-nb.de/ abrufbar.

Dieses Werk sowie alle darin enthaltenen einzelnen Beiträge und Abbildungen sind urheberrechtlich geschützt. Jede Verwertung, die nicht ausdrücklich vom Urheberrechtsschutz zugelassen ist, bedarf der vorherigen Zustimmung des Verlages. Das gilt insbesondere für Vervielfältigungen, Bearbeitungen, Übersetzungen, Mikroverfilmungen, Auswertungen durch Datenbanken und für die Einspeicherung und Verarbeitung in elektronische Systeme. Alle Rechte, auch die des auszugsweisen Nachdrucks, der fotomechanischen Wiedergabe (einschließlich Mikrokopie) sowie der Auswertung durch Datenbanken oder ähnliche Einrichtungen, vorbehalten.

Impressum:

Copyright © 2008 GRIN Verlag GmbH
Druck und Bindung: Books on Demand GmbH, Norderstedt Germany
ISBN: 978-3-640-24801-8

Dieses Buch bei GRIN:

http://www.grin.com/de/e-book/120422/der-ur-rhein-rheinhessen-vor-zehn-millionen-jahren

GRIN - Your knowledge has value

Der GRIN Verlag publiziert seit 1998 wissenschaftliche Arbeiten von Studenten, Hochschullehrern und anderen Akademikern als eBook und gedrucktes Buch. Die Verlagswebsite www.grin.com ist die ideale Plattform zur Veröffentlichung von Hausarbeiten, Abschlussarbeiten, wissenschaftlichen Aufsätzen, Dissertationen und Fachbüchern.

Besuchen Sie uns im Internet:

http://www.grin.com/

http://www.facebook.com/grincom

http://www.twitter.com/grin_com

Ernst Probst

DER UR-RHEIN

Rheinhessen
vor zehn
Millionen Jahren

Ernst Probst

DER UR-RHEIN

Rheinhessen
vor zehn
Millionen Jahren

Gewidmet:

*Dr. Jens Lorenz Franzen,
Paläontologe in Titisee-Neustadt,
langjähriger Mitarbeiter
am Forschungsinstitut Senckenberg in Frankfurt am Main,
Wiederentdecker der Dinotheriensand-Fundstelle
und Begründer
der ersten wissenschaftlichen Grabungen
bei Eppelsheim*

*Heiner Roos,
Altbürgermeister von Eppelsheim,
dessen Idee und Initiative
das Dinotherium-Museum in Eppelsheim
zu verdanken ist*

*Johann Jakob Kaup (1803–1873),
Darmstädter Paläontologe,
mit dem die Erforschung der Säugetierfauna
aus den Dinotheriensanden bei Eppelsheim
einst angefangen hat*

INHALT

Vorwort
Ein uralter Fluss
voller Rätsel
Seite 15

Dank
Seite 17

Die Anfänge
des Rheins
Seite 21

Mainz und Wiesbaden
lagen nicht am Ur-Rhein
Seite 35

Die Dinotheriensande
oder Eppelsheimer Sande
Seite 57

Die Entdeckung
des „Schreckenstieres"
Seite 77

Ein Paradies
für Rüsseltiere
Seite 91

Das Huftier
mit Krallenfüßen
Seite 103

Die Bärenhunde
oder Hundebären
Seite 111

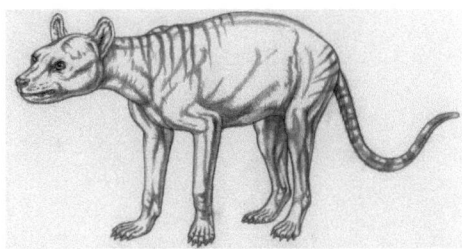

Säbelzahnkatzen
am Ur-Rhein
Seite 117

Umstrittene
Menschenaffen
Seite 123

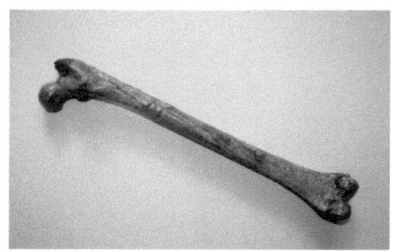

Die Tierwelt am Ur-Rhein
vor zehn Millionen Jahren
Seite 135

Was man bisher
nicht gefunden hat
Seite 147

Johann Jakob Kaup
Der große Naturforscher
aus Darmstadt
Seite 153

Ernst Schleiermacher
Der erste Direktor
des Naturalien-Cabinets
Seite 161

August von Klipstein
Der Entdecker
des „Schreckenstieres"
Seite 165

Hermann von Meyer
Ein Pionier
der Paläontologie
Seite 169

Dorn-Dürkheim:
Artenvielfalt
wie im Regenwald
Seite 175

Daten
und Fakten
Seite 189

Fundorte am Ur-Rhein
und dort
entdeckte Tierarten
Seite 205

Attraktionen
in Eppelsheim
Seite 215

Das Dinotherium-Museum
in Eppelsheim
Seite 221

Das Miozän:
Die Welt vor etwa
23 bis 5 Millionen Jahren
Seite 231

Der Autor / Seite 237

Literatur / Seite 239

Bildquellen / Seite 251

Bücher von
Ernst Probst / Seite 254

Das Dinotherium-Museum in Eppelsheim (Kreis Alzey-Worms) informiert anschaulich über die exotische Tierwelt am Ur-Rhein vor etwa zehn Millionen Jahren. Im Mittelpunkt der sehenswerten Ausstellung steht ein Abguss des 1835 bei Eppelsheim entdeckten Oberschädels des Rüsseltieres Deinotherium giganteum. „Geistiger Vater" des Dinotherium-Museums ist der frühere Bürgermeister von Eppelsheim, Heiner Roos (rechts).

Exotische Tierwelt am Ur-Rhein bei Eppelsheim in Rheinhessen vor etwa zehn Millionen Jahren. Ausschnitt aus einem Gemälde von Pavel Major (Prag) im Dinotherium-Museum in Eppelsheim.

VORWORT

Ein uralter Fluss voller Rätsel

Ein wichtiges Mosaikstück in der teilweise immer noch rätselhaften Geschichte des viertgrößten Stromes Europas ist der Ur-Rhein in Rheinhessen gegen Ende des Miozäns vor etwa zehn Millionen Jahren. Ablagerungen dieses Flusssystems sind die nach einem Rüsseltier bezeichneten Dinotheriensande.
Der Ur-Rhein in Rheinhessen floss ab dem Raum Worms – weiter westlich als in der Gegenwart – auf die Binger Pforte zu. Der damalige Fluss berührte nicht – wie heute – die Gegend von Oppenheim, Nierstein, Nackenheim, Mainz, Wiesbaden und Ingelheim. Das geschah erst später.
Am Ur-Rhein existierte eine exotische Tierwelt, wie man vor allem durch Funde bei Eppelsheim, am Wissberg bei Gau-Weinheim und bei Dorn-Dürkheim weiß. In der Gegend von Eppelsheim etwa lebten Rüsseltiere, Säbelzahnkatzen, Bärenhunde, Tapire, Nashörner, krallenfüßige Huftiere, Ur-Pferde und sogar Menschenaffen.
Eppelsheim genießt weltweit in der Wissenschaft einen guten Ruf. Zusammen mit dem Pariser Montmartre gehört der kleine Ort südlich von Alzey zu jenen großartigen Fossillagerstätten, mit denen die Erforschung ausgestorbener Säugetiere in Europa begonnen hat.
Obwohl sich viele Wissenschaftler mit dem Ur-Rhein befasst haben, gibt dieser Fluss weiterhin Rätsel auf. Es sind noch zahlreiche Grabungen und andere wissenschaftliche Untersuchungen nötig, um zumindest die wichtigsten Fragen über seine Entwicklung zu klären.

Das Taschenbuch „Der Ur-Rhein. Rheinhessen vor zehn Millionen Jahren" stammt aus der Feder des Wiesbadener Wissenschaftsautors Ernst Probst. Er hat zahlreiche Werke über prähistorische Themen – wie „Deutschland in der Urzeit", „Deutschland in der Steinzeit", „Deutschland in der Bronzezeit", „Rekorde der Urzeit" und „Rekorde der Urmenschen" – veröffentlicht.

Gewidmet ist das Taschenbuch Dr. Jens Lorenz Franzen (geb. 1937), Paläontologe in Titisee-Neustadt, langjähriger Mitarbeiter des Forschungsinstitutes Senckenberg in Frankfurt am Main, Wiederentdecker der Dinotheriensand-Fundstelle und Begründer der ersten wissenschaftlichen Grabungen bei Eppelsheim, Heiner Roos (geb. 1934), dem Altbürgermeister von Eppelsheim, dessen Idee und Initiative das Dinotherium-Museum in Eppelsheim zu verdanken ist, sowie dem Darmstädter Paläontologen Johann Jakob Kaup (1803–1873), mit dem die Erforschung der Säugerfauna aus den Dinotheriensanden bei Eppelsheim einst angefangen hat.

Zum Gelingen des Taschenbuches „Der Ur-Rhein" haben Heiner Roos, der Förderverein Dinotherium-Museum Eppelsheim, die Gemeinde Eppelsheim, Dr. Jens Lorenz Franzen, Dr. Jens Sommer, Dr. Gerhard Storch, Dr. Frank Holzförster, Professor Dr. Wolfgang Schirmer, Dr. Winfried Kuhn, Dr. Ursula Bettina Göhlich, Mag. Thomas Bence Viola, Dr. Oliver Sandrock, Dr. Thomas Keller und Thomas Engel beigetragen.

Das Taschenbuch „Der Ur-Rhein" enthält ein Gemälde und zahlreiche Zeichnungen von Tieren aus den Dinotheriensanden bei Eppelsheim in Rheinhessen. Diese Bilder wurden im Auftrag der Gemeinde Eppelsheim und des Fördervereins Dinotherium-Museum Eppelsheim von dem akademischen Maler Pavel Major aus Prag angefertigt und mit freundlicher Genehmigung im vorliegenden Taschenbuch veröffentlicht.

Dank

Für Auskünfte, kritische Durchsicht von Texten (Anmerkung: etwaige Fehler gehen zu Lasten des Verfassers), mancherlei Anregung, Diskussion und andere Arten der Hilfe danke ich:

Renate Adolfs, Bad Camberg

Mag. Thomas Bence Viola,
Institut für Anthropologie, Universität Wien

Professor Dr. Dietrich E. Berg,
Johannes-Gutenberg-Universität Mainz,
Fachbereich Chemie, Pharmazie
und Geowissenschaften,
Institut für Geowissenschaften

Thomas Engel, geologischer Präparator,
Naturhistorisches Museum Mainz /
Landessammlung für Naturkunde Rheinland-Pfalz

Professor Dr. Oldrich Fejfar,
Paläontologisches Institut, Karls-Universität, Prag

Förderverein Dinotherium-Museum Eppelsheim

Markus Forman,
Naturhistorisches Museum Mainz /
Landessammlung für Naturkunde Rheinland-Pfalz

Dr. Jens Lorenz Franzen,
ehemaliger Leiter der Abt. Paläoanthropologie
und Quartärpaläontologie
am Forschungsinstitut Senckenberg in Frankfurt am Main,
ab 1. 9. 2000 im Ruhestand
und seitdem ehrenamtlicher Mitarbeiter,
Titisee-Neustadt

Dr. Ursula Bettina Göhlich,
Kuratorin für Wirbeltierpaläontologie,
Geologisch-paläontologische Abteilung,
Naturhistorisches Museum Wien

Dr. Elmar P. Heizmann,
Staatliches Museum für Naturkunde Stuttgart

Dipl.-Ing. Ansgar Hemm, Bad Wildungen

Christine Hemm-Herkner
Forschungsinstitut Senckenberg, Frankfurt am Main

Dr. Frank Holzförster, Diplom-Geologe,
Wissenschaftlicher Leiter des GEO-Zentrums
an der KTB Windischeschenbach

Dr. Martin Hottenrott,
Hessisches Landesamt für Umwelt und Geologie,
Wiesbaden

Ute Klenk-Kaufmann, Bürgermeisterin, Eppelsheim

Dr. Thomas Keller
Landesamt für Denkmalpflege Hessen,
Abteilung Archäologie und Paläontologie,
Schloss Biebrich, Wiesbaden

Dr. Winfried Kuhn
Landesamt für Geologie und Bergbau Rheinland-Pfalz
Abt. 2 Geologie und Rohstoffe, Mainz

Tom S. H. Lee, Toronto, Kanada

E. Leibenath, Leverkusen

Dr. Gerald Mayr, Leiter der Sektion Paläoornithologie
am Forschungsinstitut und Naturmuseum Senckenberg,
Frankfurt am Main

Pèter Papp, Geologe,
Magyar Állami Földtani Intézet (MAFI) /
Geological Institute of Hungary, Budapest

Heiner Roos, Altbürgermeister von Eppelsheim,
1. Vorsitzender des Fördervereins Dinotherium-Museum
Eppelsheim

Dr. Oliver Sandrock, Hessisches Landesmuseum Darmstadt

Jennifer Scheffler, Bilddatenbank www.pixelo.de

Professor Dr. Wolfgang Schirmer, Wolkenstein

Dr. Peter Schröter, Anthropologe, München

Dr. Jens Sommer, Geologe und Paläontologe, Hannover

Dr. Gerhard Storch,
ehemaliger Leiter der Sektion Fossile Säugetiere und der
Abteilung Terrestrische Zoologie am Forschungsinstitut
Senckenberg in Frankfurt am Main, ab 2004 im Ruhestand
und seitdem ehrenamtlicher Mitarbeiter

Der Paläontologe Jens Lorenz Franzen aus Titisee-Neustadt, früherer langjähriger Mitarbeiter am Forschungsinstitut Senckenberg in Frankfurt am Main, ist der Wiederentdecker der verschollenen Fossilfundstelle bei Eppelsheim unter acht Meter mächtigen Deckschichten und Begründer der ersten wissenschaftlichen Grabungen dort. Er leitete Grabungen in Eppelsheim und Dorn-Dürkheim in Rheinhessen, untersuchte und beschrieb Fundstellen und Funde. Kein anderer Wissenschaftler hat so lange und so intensiv in den Ablagerungen des Ur-Rheins gegraben wie er. Maßgeblich war er auch am Aufbau des Dinotherium-Museums in Eppelsheim beteiligt.

Die Anfänge des Rheins

Eine entscheidende Rolle bei der Entstehung und Entwicklung des Rheins in Deutschland spielte die Kontinentalverschiebung. Die so genannte Theorie der Plattentektonik wurde am 6. Januar 1912 von dem genialen deutschen Geophysiker Alfred Wegener (1880–1930) bei einer Tagung der Geologischen Vereinigung im Senckenberg-Museum in Frankfurt am Main erstmals erklärt.

Jene Theorie, die man später immer mehr verfeinert hat, besagt, dass sich die Kontinente unseres „blauen Planeten" auf Platten der äußeren Erdkruste wie auf einem Förderband über den Erdball bewegen. Angetrieben wird dieses gigantische Förderband durch Konvektionsströmungen, welche die Hitze aus dem glutflüssigen Erdinneren nach außen und somit letztlich ins Weltall ableiten.

Wie andere Südkontinente bewegt sich auch die Afrikanische Platte unaufhaltsam nordwärts und schiebt dabei das Mittelmeer allmählich zusammen. Das bewirkt, dass sich der Meeresboden vor der ehemaligen Südküste Europas wie ein Tischtuch zum Falten- und Deckengebirge der Alpen staucht. Zudem treibt die Afrikanische Platte den Sporn des italienischen Stiefels samt Adriaboden vor sich her und rammt ihn in die Südflanke.

Der Paläontologe Jens Lorenz Franzen beschrieb diese geologischen Vorgänge 2002 sehr anschaulich in seinem Aufsatz „Versuch einer Rekonstruktion der Entwicklung des rheinischen Flusssystems". Sein lesenswerter Beitrag erschien in der Zeitschrift „Natur und Museum", die vom Naturmuseum und Forschungsinstitut Senckenberg in Frankfurt am Main herausgegeben wird.

Der Düsseldorfer Geologe
Wolfgang Schirmer
gab mehreren Abschnitten des Ur-Rheins
einen Namen

Unvorstellbare Kräfte wölbten das Gebiet im nördlichen Vorland der gestauchten Alpen schildartig auf und dehnten die oberen Schichten. Dabei brach im Scheitel der Aufwölbung der Oberrheingraben ein. Der Grabenbruch machte sich erstmals im Eozän vor etwa 50 Millionen Jahren äußerlich bemerkbar: Von da ab sank die Erdoberfläche in einer rund 30 bis 50 Kilometer breiten Spalte millimeterweise allmählich bis zu fünf Kilometer tief ein. Die Absenkungsbewegungen lösten starke Erdbeben und Meeresvorstöße aus.

Vielleicht existierte bereits an der Wende vom Eozän zum Oligozän vor etwa 34 Millionen Jahren im Rheinischen Schiefergebirge ein Vorläufer des Rheins oder sogar ein erster Rhein. Dabei handelt es sich um das Vallendarer Flusssystem, das 1908 von dem Geologen Carl Mordziol (1886–1958) nach dem Koblenzer Stadtteil Vallendar benannt wurde. Als seine Hinterlassenschaften gelten hellweiße Schotter in Senkungszonen des Rheinischen Schiefergebirges. Zum Beispiel im Moseltrog, Lahntrog, Rheintrog oder im Goldenen Grund, jener Senke, die entlang der Autobahn Limburg-Wiesbaden eine Fortsetzung des Oberrheingrabens ins Schiefergebirge bildet.

Nach seinen fast nur aus Quarz und verkieselten Gesteinen bestehenden Schottern zu schließen, lag das Quellgebiet des Vallendarer Flusssystems in den Vogesen. Dagegen kamen einige kleinere Flüsse aus dem Rheinischen Schiefergebirge. Der genaue Verlauf des Vallendarer Flusssystems und seine Abflussrichtung aus dem Rheinischen Schiefergebirge sind umstritten. Wenn der Vallendarer Hauptstrom ab dem Mittelrheinischen Becken in Richtung Bonn entwässert hätte, wäre er tatsächlich ein erster Rhein, ein früher Lothringischer Rhein. In jedem Fall aber ist er der Wegbereiter für den späteren Lothringischen Rhein und seinen Nachfolger, die Mosel, schrieb 2003 der Düsseldorfer Geologe Wolfgang Schirmer.

Zu Beginn des Unteroligozäns vor etwa 34 Millionen Jahren ereignete sich ein erster und kurzer Meeresvorstoß von Süden her aus dem Alpenraum in den Oberrheingraben und in das

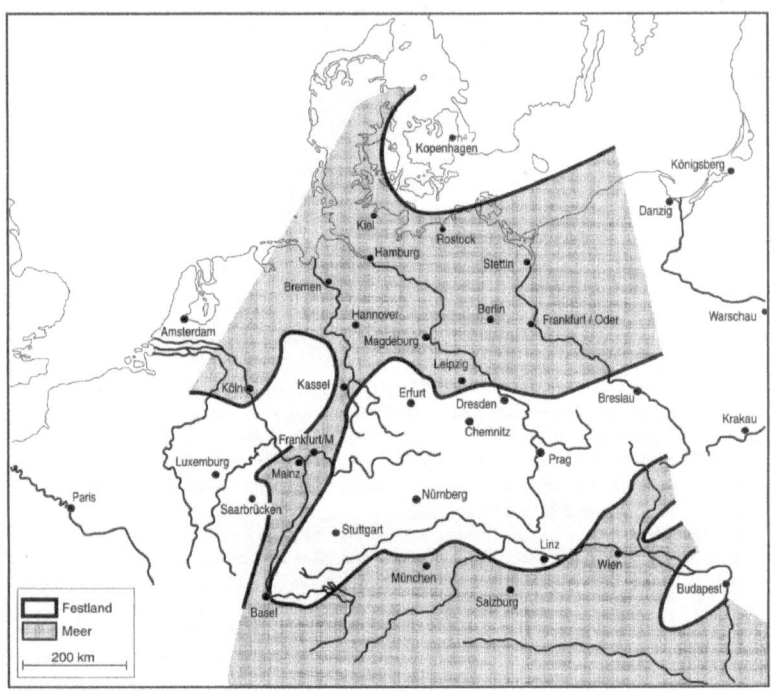

Im Oligozän vor etwa 30 Millionen Jahren existierte in Deutschland eine lang gestreckte Meeresstraße, die das Nordmeer über die Wetterausenke und den ca. 300 Kilometer langen sowie etwa 30 bis 50 Kilometer breiten Oberrheingraben mit dem damaligen Meer im heutigen Alpenvorraum verband.

Mainzer Becken. Dabei wurden im Mainzer Becken teilweise die nach einem Ort im Elsass benannten mittleren Pechelbronn-Schichten abgelagert. Bald darauf zog sich das Meer nach Süden zurück.

Im späten Unteroligozän vor rund 30 Millionen Jahren erfolgte ein zweiter und starker Meeresvorstoß aus dem Norden. Davon zeugen küstennah abgelagerte Meeressande und küstenfern entstandene Tonmergelschichten (der nach einem belgischen Flüsschen bezeichnete Rupelton) sowie Haifisch-Zähne, Seekuh-Skelette, Meeresmuscheln und -schnecken sowie Austern. Norddeutschland war damals bis in die Gegend von Kassel vom Meer bedeckt. Eine lang gestreckte Meeresstraße verband zeitweise im Mitteloligozän das Nordmeer über die Wetterau-Senke und den ca. 300 Kilometer langen sowie etwa 30 bis 50 Kilometer breiten Oberrheingraben mit dem damaligen Meer im heutigen Alpenvorraum.

Danach kam es zu einem kurzfristigen Rückzug der Meere im Nordseebecken und im Alpenvorraum. Auf eine Aussüßungsphase im Oberoligozän vor etwa 26 bis 25 Millionen Jahren, in der tonig-mergelige Süßwasserschichten abgelagert wurden, folgte ein dritter Meeresvorstoß aus dem Norden ins Mainzer Becken. Anders als bei früheren Meeresvorstößen wurden jetzt kalkige Schichten abgelagert, die man dem so genannten Kalktertiär zuordnet. In der Zeit vor etwa 25 bis 20 Millionen Jahren gab es offenbar wechselnde Verbindungen nach Norden oder Süden, aber wohl keine durchgehende Verbindung mehr zwischen den Meeren im Nordseebecken und im Alpenvorraum.

Gegen Ende des Oligozäns waren große Teile von Nordrhein-Westfalen und Norddeutschland weiterhin von der Nordsee bedeckt. Vor etwa 24 Millionen Jahren existierte zwischen Brohl und Bonn der so genannte Brohler Rhein. Er gilt als ältester bekannter Vorläufer des Rheins nördlich des Rheinischen Schiefergebirges. Der Brohler Rhein floss durch ein weites Becken, in dem sich Braunkohlensümpfe ausdehnten und das von aktiven Vulkanen des Westerwaldes und der Eifel eingerahmt wur-

Rhein bei Köln heute

de. Sein Quellgebiet lag nördlich von Andernach, sein Mündungsgebiet in die Nordsee bei Bonn. Den Namen Brohler Rhein hat Wolfgang Schirmer 1990 vorgeschlagen.

In der Übergangszeit vom Oligozän zum Miozän vor rund 23 Millionen Jahren existierten bereits drei Flussläufe, die später zusammen den Rhein bildeten. Einer davon war der Toggenburger Rhein, dessen Namen Schirmer 2003 geprägt hat. Andere Autoren sprechen vom Bündner Rhein oder Ur-Alpenrhein. Dieser Fluss kam vom Bündner Land, floss in Richtung Nordwesten und mündete in das so genannte Molassebecken in Süddeutschland. Als weiterer Flusslauf jener Zeit gilt der Straßburger Rhein, der 2003 von Schirmer so bezeichnet wurde. Jener Fluss strömte in Richtung Norden zum Restmeer im Mainzer Becken. Noch höher im Norden lag der bereits erwähnte Brohler Rhein.

Im Untermiozän vor mehr als 20 Millionen Jahren lag die Küstenlinie der Nordsee östlich von Schleswig-Holstein. Das heutige Ostseegebiet war Festland. Die Nordsee erstreckte sich über Hamburg hinaus bis in den Raum Hannover und zur Niederrheinischen Bucht bis den Raum Köln. An der Meeresküste im Niederrheingebiet entwickelten sich ausgedehnte Sumpfwälder, Busch- und Riedmoore. Aus dem Torf dieser miozänen Moore entstanden später die mächtigen Braunkohlenflöze der Ville sowie des Rur- und Erftgrabens zwischen Köln und Düren.

Im Miozän stieß die Nordsee nur noch selten in das weitgehend abgeschnittene, brackisch-marine und teilweise Süßwasser führende Mainzer Becken vor. Es folgte ein mehrfacher Wechsel von Rückzügen und Ausweitungen des lagunenartigen Sees und dessen Zerfall in eine Seenplatte bis hin zum Austrocknen.

Während des Mittelmiozäns vor etwa 15 Millionen Jahren zog sich das Meer endgültig aus dem Mainzer Becken und aus dem Oberrheingraben zurück. Nun wurde das Mainzer Becken für immer Festland. Damit waren die geologischen Voraussetzungen für die Entstehung eines Flusssystems vorhanden.

Rhein bei Mainz: Für viele Menschen ist es schwer vorstellbar, dass dieser Strom nicht immer in der Gegend von Mainz floss.

Einen Ur-Rhein, der schon im Mittelmiozän vor ca. 15 Millionen Jahren etwa vom Kaiserstuhl bis in die Niederrheinische Bucht floss, vermuteten 1921 der Freiburger Geowissenschaftler Friedrich Levy († 1943 im KZ Theresienstadt) und 1934 der Bonner Geologe Max Richter (1900–1983). Der mutmaßliche mittelmiozäne Ur-Rhein, der durch Hebungen im Süden sowie Vereinigung von Straßburger Rhein und Brohler Rhein entstand, wurde 1990 von Wolfgang Schirmer als Kaiserstühler Rhein bezeichnet.

Als Indiz für diesen Rheinvorläufer gilt der Mineralgehalt von Ablagerungen aus zehn Meter tiefen Flussrinnen in Braunkohlen der Niederrheinischen Bucht. Dieser Mineralgehalt entspricht nämlich demjenigen von Ablagerungen am mittleren Oberrhein und seinen Randgebieten.

Süddeutschland wurde im Mittelmiozän vor etwa 14,7 Millionen Jahren von verheerenden Explosionen erschüttert, als aus dem Weltall auf die Erde stürzende Meteoriten zwei ausgedehnte Krater schlugen: nämlich das Nördlinger Ries mit einem Durchmesser von etwa 24 Kilometern in Bayern und das Steinheimer Becken (Kreis Heidenheim) mit einem Durchmesser von etwa 3,5 Kilometern in Baden-Württemberg. Dieses dramatische Ereignis dürfte auch im Mainzer Becken noch spürbar gewesen sein.

Im Obermiozän vor etwa zehn Millionen Jahren existierte ein Ur-Rhein, dessen Ablagerungen nach dem Rüsseltier *Deinotherium* als Dinotheriensande oder nach dem Fundort Eppelsheim als Eppelsheimer Sande bezeichnet werden. Dieser Dinotheriensand-Rhein floss aus dem Raum Worms quer durch Rheinhessen über Westhofen, Eppelsheim, Bermersheim, den Wissberg bei Gau-Weinheim und den Steinberg bei Sprendlingen (Rheinland-Pfalz) auf die Binger Pforte zu. Der damalige Strom berührte nicht – wie heute – die Gegend von Oppenheim, Nierstein, Nackenheim, Mainz, Wiesbaden und Ingelheim.

Etwas jünger als die Dinotheriensande bei Eppelsheim aus dem Obermiozän vor etwa zehn Millionen Jahren sind die etwa 8,5

Bingen am Rhein mit Nahemündung (links) um 1920

Millionen Jahre alten Ablagerungen aus einem Altarm oder Nebenfluss des Ur-Rheins von Dorn-Dürkheim in Rheinhessen. In diesen so genannten Dorn-Dürkheimer Schichten wurden Reste von etwa 90 Säugetierarten entdeckt. Damit gilt Dorn-Dürkheim als die artenreichste Säugetierfauna des Tertiärs in Europa!

Im Obermiozän vor etwa acht bis fünf Millionen Jahren sank der nördliche Oberrheingraben so tief ab, dass sich der Rhein dem tiefsten Niveau folgend in östliche Richtung verlagerte. In der Gegend des heutigen Mainz verband er sich mit dem Main. „Dadurch riss er den ursprünglichen Unterlauf des Mains an sich und machte den Maingau zum Rheingau, während gleichzeitig das Rheinhessische Hügelland trocken fiel", schrieb Jens Lorenz Franzen.

Im Eiszeitalter (Pleistozän) vor rund zwei Millionen Jahren bewirkte das weitere Einsinken des Oberrheingrabens zusammen mit rückschreitender Erosion, dass der Rhein bei Basel die Ur-Aare (Aare-Doubs) anzapfte, die ursprünglich über die Burgundische Pforte in die Rhone und damit in das Mittelmeer entwässerte. Seit dieser Zeit findet man in den Ablagerungen des Rheins Mineralien, die durch ihre Zusammensetzung auf eine Herkunft oberhalb von Basel hinweisen.

Im späten Pliozän oder frühen Eiszeitalter (Pleistozän) vor rund zwei Millionen Jahren entstand vielleicht erstmalig ein Stausee vor dem Rheinischen Schiefergebirge. Bei den weit im westlichen Mainzer Becken verbreiteten weißen Sanden könnte es sich um Ablagerungen dieses Stausees handeln. Das vermuteten 1984 der Mainzer Paläontologe Karlheinz Rothausen und der Mainzer Geologe Volker Sonne.

Im frühen Eiszeitalter erweiterte der Rhein sein Einzugsgebiet erheblich durch den Anschluss des Alpenrheins (das ist der Abschnitt vom Zusammenfluss von Vorder- und Hinterrhein bis zum Bodensee). Damit erreichte er seine heutige Größe und Bedeutung. Das plötzliche Auftreten von Radiolariten aus den Alpen in Ablagerungen des Rheins dokumentiert dieses geolo-

Der Darmstädter Geologe Wilhelm Wagner (1884–1970) vermutete bereits 1938 die Existenz eines Rheinhessensees

gische Ereignis. Bei Radiolariten handelt es sich um verkieselte, zu Stein gewordene Tiefseeablagerungen.
Vor den Gletschervorstößen des Eiszeitalters bis zum Cromer (etwa 800.000 bis 480.000 Jahre) hatten Rhein und Maas ein gemeinsames Delta zwischen Rotterdam und Emden. Im Eiszeitalter vor rund 800.000 Jahren wurde der Rhein in Rheinhessen vielleicht erneut zu einem großen See aufgestaut, bis er irgendwann überlief. Am Ufer dieses Rheinhessensees lagen die Fundstellen Dorn-Dürkheim 2, Dorn-Dürkheim 3 und Wintersheim. Einen solchen See hatte der Darmstädter Geologe Wilhelm Wagner (1884–1970) bereits 1938 vermutet.
In der Zeit zwischen etwa 800.000 Jahren und heute schnitt sich der Rhein bis zu etwa 100 Meter tief in den Mittelrhein-Canyon ein. Das entspricht einer jährlichen Erosionsrate von 0,125 Millimeter. Allmählich erreichte der Rhein seine jetzige Tiefe und Weite.
Während der Elster-Eiszeit (etwa 480.000 bis 330.000 Jahre) rückten nordische Gletscher bis an den Niederrhein vor und zwangen den Rhein zum westlichen Ausweichen vor dem Eis. Rhein, Maas, Schelde und Themse flossen durch den trocken liegenden Englischen Kanal und mündeten vor der Bretagne und Cornwall in den Atlantik. Damals war der Rhein etwa doppelt so lang wie heute. Seine und Themse gehörten zu seinen Nebenflüssen. Bei einem Anstieg des Meeresspiegels in einer nachfolgenden Warmzeit kehrten Küste und Rheinmündung wieder etwa in die alte Position zurück. Dieser Wechsel wiederholte sich in der Saale-Eiszeit (etwa 300.000 bis 125.000 Jahre).

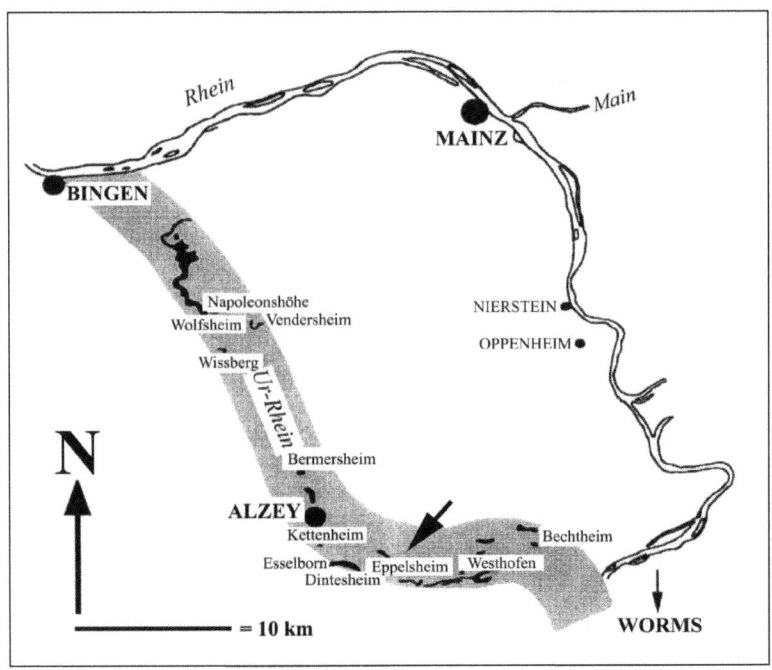

Dinotheriensand-Fundorte und Rekonstruktion des Verlaufes des Ur-Rheins in Rheinhessen. Zeichnung von Christine Hemm-Herkner nach einer Vorlage des Paläontologen Jens Lorenz Franzen (zum Teil nach Heinz Tobien 1980 und Joachim Bartz 1936)

Mainz und Wiesbaden lagen nicht am Ur-Rhein

In der Zeit vor etwa zehn Millionen Jahren, die von Geologen und Paläontologen als Obermiozän bezeichnet wird, hatte der Ur-Rhein südlich des Rheinischen Schiefergebirges einen ganz anderen Lauf als der heutige Rhein. Er floss nicht durch die Gegend von Oppenheim, Nierstein, Nackenheim, Mainz, Wiesbaden und Ingelheim. Stattdessen bahnte er sich ab etwa Worms – streckenweise mehr als 20 Kilometer westlich vom jetzigen Rheinbett entfernt – seinen Weg durch Rheinhessen.
Dieser Ur-Rhein war nachweislich nicht so lang wie der heutige Rhein mit 1324 Kilometern, sondern nur ein kurzer Mittelgebirgsfluss mit schätzungsweise 400 Kilometer Länge. Somit war jener Ur-Rhein nur ungefähr ein Drittel so lang wie der gegenwärtige Rhein. Denn er besaß noch keine alpinen Zuflüsse wie jetzt. Seine Quellen lagen nach heutiger Kenntnis südlich des Kaiserstuhls, seine Mündung im unteren Niederrheingebiet, wo sich damals die Meeresküste erstreckte.
Der Paläontologe Jens Lorenz Franzen schrieb auf einem Flyer für Besucher des Dinotherium-Museums in Eppelsheim, der Ur-Rhein sei ursprünglich ein kleines Flüsschen ähnlich wie die heutige Nahe gewesen. Im Raum Eppelsheim habe er lediglich eine Breite von etwa 45 bis 60 Metern erreicht.
Kurze Zeit hielt man den Ur-Rhein in Rheinhessen sogar für einen Höhlenfluss. Den Verdacht, der Ur-Rhein könne im Bereich der wissenschaftlichen Grabungsstelle im Gewann „Auf dem Alzeyer Weg" bei Eppelsheim in einer Höhle aus Kalkstein geflossen sein, hatte 1997 als Erster der Mainzer Geologe Winfried Kuhn geäußert. Auf diese Idee war er gekommen, nachdem er Sinterkalk-Stücke gefunden hatte.

*Der Mainzer Geologe Winfried Kuhn
hatte 1997 den Verdacht,
der Ur-Rhein könne im Bereich
der wissenschaftlichen Grabungsstelle
im Gewann „Auf dem Alzeyer Weg"
bei Eppelsheim
in einer Höhle aus Kalkstein
geflossen sein*

Als einen gewichtigen Hinweis für die Existenz eines Höhlenflusses deutete Kuhn einen 1998 entdeckten, etwa 35 Kubikmeter großen Kalksteinklotz auf dem Grund des Ur-Rheins. Der tonnenschwere Klotz besteht aus rund 20 Millionen Jahre alten Inflata-Schichten, die nach der kleinen Wattschnecke *Hydrobia inflata* benannt sind. Kuhn betrachtete den Klotz als Teil der Decke einer eingestürzten Karsthöhle.

Doch später rückte der Mainzer Geologe von seiner faszinierenden Idee, der Ur-Rhein in Rheinhessen könne zumindest streckenweise ein Höhlenfluss gewesen sein, wieder ab. Denn im Bereich der Grabungsstelle im Gewann „Auf dem Alzeyer Weg" bei Eppelsheim hat man keine weiteren Kalksteinklötze mehr gefunden, die Reste einer eingestürzten Höhlendecke gewesen sein könnten.

An der Grabungsstelle bei Eppelsheim wurde bisher nur einer der beiden Uferbereiche des Ur-Rheins freigelegt. Nämlich ein Steilhang aus rund 20 Millionen Jahre alten Schichten auf der Westseite des ehemaligen Flusses. Dieser Hang besteht aus einer großen Kalksteinscholle, deren Basis auf den unterlagernden tonigen Schichten nach Westen hin weggerutscht war, worauf die ursprünglich horizontal gelagerten Schichten steil nach Osten abkippten. Vermutlich stürzte dabei der erwähnte Kalksteinklotz in den entstandenen Zwischenraum, in dem später ein Seitenarm des Ur-Rheins floss.

Auslöser für die Wegbewegung der Kalksteinscholle vom Hang dürften großräumige plattentektonische Dehnungsbewegungen gewesen sein. Dies war eine Spätfolge der Öffnung des Nordatlantiks in Verbindung mit der Absenkung des Oberrheingrabens. Am nördlichen Ende des Oberrheingrabens befindet sich das Mainzer Becken, zu dem auch die Gegend von Eppelsheim gehört. Der Untergrund des Mainzer Beckens, besteht aus einer Vielzahl von Schollen, die von Brüchen (Störungen) begrenzt sind.

Das dem Westhang gegenüber gelegene Ostufer des Ur-Rheins war 2008 noch nicht aufgeschlossen. Kuhn glaubt, dass sich

Schräg geschichtete Flussablagerungen des Ur-Rheins bei Eppelsheim

dort ebenfalls ein Steilufer befand, das den Gegenpart der weg gerutschten Scholle bildete. An der Grabungsstelle bei Eppelsheim floss wahrscheinlich ein Seitenarm des Ur-Rheins durch eine enge Schlucht (Canyon). Weitere Flussarme, die unterschiedlich breit und tief waren, existierten sicherlich an anderer Stelle. Es gab wohl auch Hochwasserphasen und Zeiten mit geringer Wasserführung.
Wie viele andere Flussablagerungen sind auch diejenigen des Ur-Rheins bei Eppelsheim schräg geschichtet. Ein Fluss verändert durch unterschiedliche Wasserführung und Strömungsintensität immer wieder seinen Lauf. Einerseits schneidet er sich in Prallhangbereichen in bestehende Sandbänke oder Uferzonen ein. Andererseits lagert er im Gleithangbereich aufgrund der geringeren Fließgeschwindigkeit Sedimente beispielsweise an Sandbänken ab. Solche Ablagerungen werden immer in einem gewissen Neigungswinkel angelegt – von der Sandbank oder vom Ufer zur Fließrinne hin. Bei ständigen Änderungen der Flussläufe entstehen in den Ablagerungen zwangsläufig Schrägschichtungskörper.
Sandvorkommen in Richtung des heutigen Rheingrabens, die sich in ihrer Zusammensetzung etwas von den Dinotheriensanden unterscheiden, sind Spuren einer Verlagerung des Flussbettes des Ur-Rheins nach Osten. Doch weil diese kalkfrei sind und keine Fossilien enthalten, kann ihr Alter nicht genau datiert werden.
Ablagerungen des Ur-Rheins – auf heute trockenem Gelände – kennt man aus Westhofen bei Worms, Eppelsheim, Dintesheim, Esselborn, Kettenheim, Heimersheim, Bermersheim, vom Wissberg bei Gau-Weinheim, Vendersheim, Wolfsheim und vom Steinberg (auch Napoleonshöhe genannt) bei Sprendlingen unweit von Bad Kreuznach. Dabei handelt es sich um Sande und Kiese, die teilweise Reste von Tieren aus jener Zeit enthalten. Weil darunter auch Knochen und Zähne des riesigen Rüsseltieres *Deinotherium giganteum* sind, werden die Ablagerungen des Ur-Rheins als Dinotheriensande bezeichnet. Man bezeich-

net sie aber auch als Eppelsheimer Sande oder Eppelsheim-Formation.
Wer als Erster die Sande und Schotter der Dinotheriensande in Rheinhessen als Ablagerungen des Ur-Rheins erkannt hat, konnte der Autor dieses Taschenbuches trotz vieler Recherchen nicht sicher klären.
Bereits auf der 1866 erschienenen „Geologischen Specialkarte des Grossherzogthums Hessen und der angrenzenden Landesgebiete im Maasstabe von 1:50000" für die „Section Alzey" des Darmstädter Geologen Rudolf Ludwig (1812–1880) werden die Dinotheriensande als Flussablagerungen gedeutet. Im Zusammenhang mit Eppelsheim als „weltberühmte Fundstätte des Deinotherium giganteum" ist von einem Flussdelta, nicht aber vom Rhein die Rede. Auch andere Autoren jener Zeit haben die Dinotheriensande wohl mit einem Fluss, noch nicht aber mit dem Rhein in Verbindung gebracht.
Der Erste, der die Gerölle in den Dinotheriensanden petrographisch ausführlicher untersucht hat, dürfte der Geologe Carl Mordziol (1886–1958) gewesen sein, der zeitweise in Gießen, Mainz, Aachen und Koblenz gearbeitet hat. Er führte 1908 aus, dass ein größeres Stromsystem aus südwestlicher oder südlicher Richtung das Material der Dinotheriensande ablagerte. Mordziol sprach von einem Stromsystem, das „auch in ähnlicher Richtung wie der heutige Rhein in das Schiefergebirge eintrat" und vom „unterpliocänen Rhein". Dabei verwies er auf entsprechende Arbeiten des damals in Würzburg tätigen Geologen und Mineralogen Fridolin Sandberger (1826–1898) von 1863 und 1870/1875. Einen „von Süden nach Norden fließenden Vorläufer des Rheins (einen „Urrhein") erwähnte Mordziol 1911 in seinem Werk „Geologischer Führer durch das Mainzer Tertiärbecken".
1932 stellte der Wormser Paläontologe Wilhelm Weiler (1890–1972), der von 1944 bis 1947 Direktor des Naturhistorischen Museums Mainz war, in einer Abhandlung die Frage: „Gab es einen unterpliozänen Eppelsheimer Fluß in Rheinhessen?" Da-

mals wurden die Ablagerungen des Ur-Rheins noch nicht – wie heute – dem Miozän, sondern dem Pliozän zugerechnet.
Das Wissen über die Existenz des Ur-Rheins fernab vom heutigen Rhein wurde durch Untersuchungen des Berliner Geologen Joachim Bartz (1910–1998) bereichert. Er veröffentlichte 1936 seine Publikation „Das Unterpliocän in Rheinhessen".
Laut Bartz floss der Ur-Rhein auf einer alten, aus Kalksteinen bestehenden Landoberfläche in Süd-Nord-Richtung. Im Norden hatte er einen linksseitigen Nebenfluss (die Ur-Nahe), der aus der Richtung von Bad Kreuznach kam. Das Einzugsgebiet der Ur-Nahe reichte bis ins Pfälzer Bergland. Dieser Sachverhalt wurde später (1946, 1947, 1973) durch den Darmstädter Hydrogeologen Wilhelm Wagner (1884–1970) bestätigt und ergänzt.
In Rheinhessen lassen sich die Dinotheriensande über eine Strecke von etwa 26 Kilometern verfolgen. Die Fundstellen mit Dinotheriensanden verteilen sich auf zwei Gebiete. Das nordwestliche umfasst den Steinberg bei Sprendlingen (mit mehreren Fundpunkten), Wolfsheim, Vendersheim, Gau-Weinheim und den Wissberg bei Gau-Weinheim. Zum südwestlichen Fundgebiet in der Umgebung von Alzey gehören Bermersheim, Heimersheim, Kettenheim, Esselborn, Dintesheim, Eppelsheim und Westhofen.
Nördlich des Steinberges bei Sprendlingen folgen einige Vorkommen von Dinotheriensanden ohne Tierfossilien. Nämlich Welgesheim, Zotzenheim, Dromersheim, Aspisheim, Ober- und Niederhilbersheim sowie der Laurenziberg bei Ockenheim. Bartz erklärte dies damit, dass sich nördlich vom Steinberg bei Sprendlingen die Einflüsse der Ur-Nahe bemerkbar machten, die zur völligen Aufarbeitung der Säugetierreste führten. Südlich von Dintesheim und Westhofen nahe Worms sind keine Dinotheriensande bekannt.
Auch die Schotter der Ur-Nahe beim Rheingrafenstein südlich von Bad Kreuznach enthalten keine Säugetierreste. Der Rheingrafenstein ist eine 136 Meter hohe Felsformation aus vulkani-

Dinotheriensande-Aufschlüsse mit Säugetierfossilien in Rheinhessen. Schwarze Kreise: 1: Steinberg (Napoleonshöhe), 2: Wolfsheim, 3: Vendersheim, 4: Wissberg, 5: Gau-Weinheim, 6: Bermersheim, 7: Heimersheim, 8: Kettenheim, 9: Esselborn, 10: Dintesheim, 11: Eppelsheim, 12: Westhofen.
Der lange Pfeil von Südosten nach Nordwesten zeigt die Laufrichtung des Ur-Rheins in Rheinhessen an. Der kurze Pfeil links des Ur-Rheins markiert die Laufrichtung der Ur-Nahe. Der kurze Pfeil rechts des Ur-Rheins soll die Laufrichtung des Ur-Mains veranschaulichen. Im Gegensatz zu dieser Karte von 1983 geht man heute davon aus, dass der Ur-Main zur Zeit der Dinotheriensande kein Nebenfluss des Ur-Rheins in Rheinhessen gewesen ist.
Dinotheriensande-Aufschlüsse ohne Säugetierreste. Offene Kreise: a: Welgesheim-Zotzenheim, b: Dromersheim-Aspisheim, c: Ober-Niederhilbersheim, d: Ockenheim-Laurenziberg, e: Rheingrafenstein (Einzugsgebiet der Ur-Nahe), f: Mainz-Hechtsheim (heute nicht mehr zu den Dinotheriensanden gerechnet).
Diese Karte stammt aus dem Beitrag „Bemerkungen zur Taphonomie der spättertiären Säugerfauna aus den Dinotheriensanden Rheinhessens" (1983) des Mainzer Paläontologen Heinz Tobien (1911–1993).

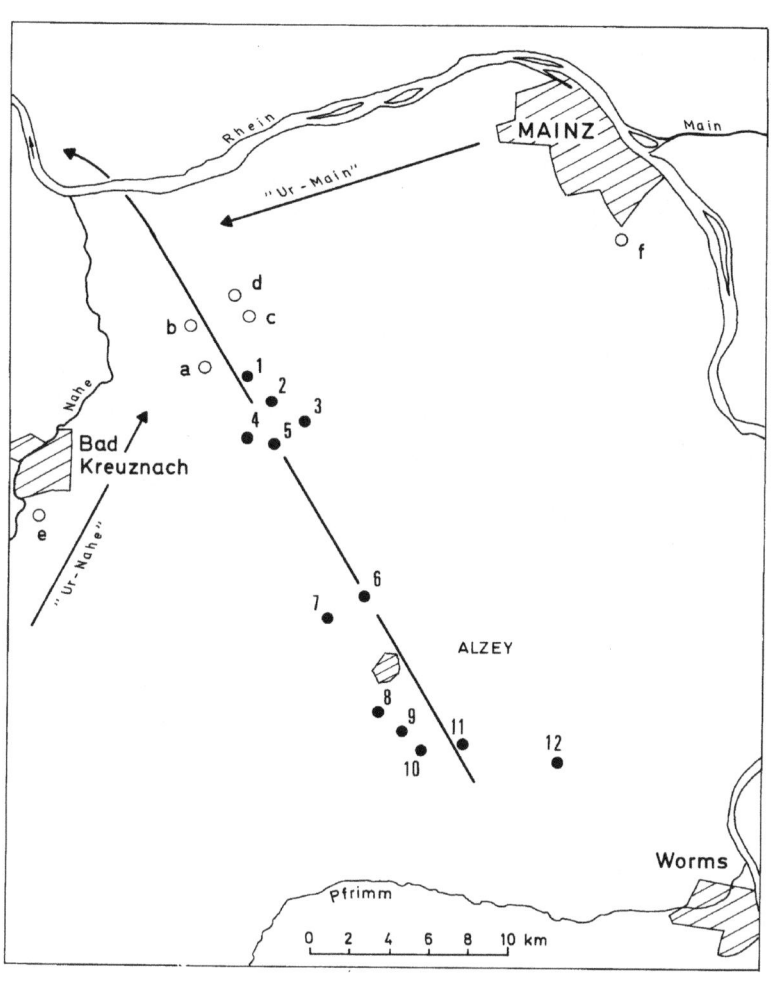

Die Wiederentdeckung der Fossilfundstelle bei Eppelsheim im Gewann „Auf dem Alzeyer Weg" gelang 1996 dem Paläontologen Jens Lorenz Franzen, was in der Fachwelt für Aufsehen sorgte. Nach geologischen Voruntersuchungen, Befragungen und schließlich Bohrungen fand er unter acht Meter mächtigen Deckschichten die verschollene Fundstelle wieder. Trotz aller Vorüberlegungen war ihm bange zumute, als er vor dem ausgebaggerten, zehn Meter tiefen Loch stand, und es keinerlei Garantie gab, darin etwas zu finden. Obiges Luftbild der Grabungsstelle im Gewann „Auf dem Alzeyer Weg" bei Eppelsheim entstand im Sommer 1998 bei einem Flug von Diplom-Ingenieur Ansgar Hemm, der damals in Usingen/Taunus lebte. Bei den unregelmäßigen hellen Flecken handelt es sich um Kalke, die dicht unter der Oberfläche liegen. Die Paläoströmung kam vom oberen rechten Bildrand (Südosten) und strömte in Richtung zum unteren linken Bildrand (Nordwesten). Heute befinden sich die Ablagerungen des Ur-Rheins in einer Gegend, in der weit und breit kein Fluss zu sehen ist.

schem Gestein (Porphyr) an der Nahe gegenüber von Bad Münster am Stein-Ebernburg.

Die Gerölle in den Dinotheriensanden von Rheinhessen liefern Hinweise auf das Einzugsgebiet des Ur-Rheins. Sie stammen aus inzwischen abgetragenen Sedimenten, die vor etwa zehn Millionen Jahren den Schwarzwald und die Vogesen überdeckten.

Der Ur-Rhein floss zur Zeit der Dinotheriensande vor etwa zehn Millionen Jahren – oder vielleicht sogar schon etwas früher – in das Mittelrheintal ab. Der Abfluss erfolgte vermutlich im Bereich der Binger Pforte.

Vom Obermiozän bis ins Eiszeitalter verlagerte der Ur-Rhein seinen Lauf immer mehr nach Nordosten, bis er seine heutige Position bei Mainz und Wiesbaden erreichte. Bewirkt wurde dies durch das Einsinken des Oberrheingrabens und die Hebung des Mainzer Beckens, das eine der Grabenschultern darstellt.

Auch heute noch geht das Nebeneinander von Grabensenkung und Schulterhebung weiter. Die tektonischen Bewegungen sind insbesondere daran zu erkennen, dass sich bei Nachmessungen von Feinnivellements zum Teil erhebliche Differenzen ergeben. Beispielsweise wurden von dem Darmstädter Geologen Reinhard Heil (1925–2004) zwischen Heidelberg und Darmstadt jährliche Senkungsraten von ca. einem Millimeter festgestellt. Andererseits hat man nordwestlich von Karlsruhe auch Hebungen ermittelt, die 0,5 Millimeter pro Jahr erreichen.

Im Obermiozän vor etwa acht bis fünf Millionen Jahren verlagerte der Ur-Rhein sein Bett nach Osten, wo er in Höhe der heutigen Gegend von Mainz auf den Ur-Main traf. Erst durch den Anschluss der Ur-Aare im Eiszeitalter vor etwa zwei Millionen Jahren und des Alpenrheins vor rund 800.000 Jahren wurde der Rhein zum viertgrößten Strom Europas.

Früher befanden sich in Nähe vieler Gemeinden in Rheinhessen kleine Sandgruben (Sandkauten), in welchen man den für Bauarbeiten benötigten Sand abbaute. Dabei kamen immer

Darmstädter Paläontologe Johann Jakob Kaup (1803–1873)

wieder Zähne und Knochen fossiler Säugetiere zum Vorschein, die aber achtlos weggeworfen wurden. Die Knochen und Gerölle in den Sandschichten signalisierten, dass der Sand am Ende war und nun erneut mühsam die darüber liegende Erde abgehoben werden musste, um an die Sande zu gelangen. Aus diesem Grund wurden die „Hundsknochen" oder „alten Schindangersknochen" mutwillig zerstört.

Der Darmstädter Paläontologe Johann Jakob Kaup (1803–1873) berichtete 1844, es sei das Verdienst des Pfarrers Johann Heinrich Pauli (1785–1857) in Eppelsheim gewesen, auf die fossilen Schätze Eppelsheims aufmerksam gemacht zu haben. Der Geistliche, der von 1814 bis 1828 in Eppelsheim wirkte und der selbst Altertümer sammelte, überredete zwei Sandgräber dazu, ihren nächsten Fund dem Direktor des „Großherzoglichen Naturalien-Cabinets" in Darmstadt, Ernst Schleiermacher (1755–1844), zu bringen. Nämlich den in viele Stücke zerbrochenen Backenzahn eines Rüsseltieres (Mastodonten).

Die ersten Sendungen fossiler Säugetiere aus Eppelsheim gelangten erst nach dem Anschluss von Rheinhessen an Hessen ab 1816 in das „Großherzogliche Naturalien-Cabinet" nach Darmstadt. Dort wuchs die Eppelsheim-Sammlung im Laufe der Zeit enorm an. Dies war das Verdienst von Johann Jakob Kaup, des Inspektors des „Naturalien-Cabinets". Er ließ sich von Sandgräbern Fossilien aus Eppelsheim schicken und kümmerte sich oft an Ort und Stelle zusammen mit seinem Freund, dem Mineralogen Professor August von Klipstein (1801–1894) von der Universität Gießen, um die Funde. 1844 jubelte Kaup: „Diese Fundstätte übertrifft durch die Reichhaltigkeit ihrer gigantischen, wie ihrer kleinen Formen alle Fundstätten, die bis jetzt auf der ganzen Erdrinde bekannt sind".

Welche Tiere am Ur-Rhein lebten, verraten insgesamt zwölf Lokalitäten mit Dinotheriensanden in Rheinhessen. Am bekanntesten davon ist wohl Eppelsheim, wo Reste vieler Säugetiere entdeckt wurden, darunter Rüsseltiere, Nashörner, Tapire, krallenfüßige Huftiere, Ur-Pferde, kleinwüchsige Hirsche,

Mainzer Paläontologe Heinz Tobien (1911–1993)

Schweine, Bärenhunde, Hyänen, Säbelzahnkatzen und sogar Menschenaffen.

Der Mainzer Paläontologe Heinz Tobien (1911–1993) listete 1983 in einer Publikation über die Säugerfauna aus den Dinotheriensanden Rheinhessens insgesamt 46 Arten auf. Diese Säugetiere sind von berühmten Paläontologen – wie Johann Jakob Kaup (1803–1873), Hermann von Meyer (1801–1869), Georges Cuvier (1769–1832) – erstmals wissenschaftlich beschrieben worden. Originalfunde aus den Dinotheriensanden werden in Museen von Darmstadt, Frankfurt am Main, Mainz, Wiesbaden, Alzey und Eppelsheim aufbewahrt.

Im Südgebiet der Dinotheriensande fand man meistens sehr vollständige Skelettelemente großer Säugetiere (Rüsseltiere und Nashörner). Der Todesort dieser Tiere kann nicht sehr weit von deren Einbettungsort gewesen sein. Im Nordgebiet entdeckte man fragmentierte Skelettelemente, die vielleicht einen längeren Transportweg hinter sich haben und aus einem weiter südlich gelegenen Gebiet stammen. Die Skelette könnten aber auch in einem Stromschnellenabschnitt fragmentiert worden sein, meint der Paläontologe Frank Holzförster.

Laut Heinz Tobien gehört die Fauna der Dinotheriensande in das Vallesium (etwa 11,1 bis 8,7 Millionen Jahre). In der Fachwelt wird der Mainzer Paläontologe mitunter respektvoll als „Säugetier-Papst" betitelt.

Der Frankfurter Paläontologe Jens Lorenz Franzen veröffentlichte im Jahr 2000 eine Faunenliste über die bis dahin bei Eppelsheim entdeckten Säugetiere. Seine Liste umfasste nur noch 32 Säugetierarten, weil einige der früher von Tobien erwähnten Spezies sich als Synonym für andere Arten entpuppt hatten. Er stellte damals fest, dass Eppelsheim für 25 meist weltbekannte Arten fossiler Säugetiere zum „Locus typicus" (Typuslokalität) geworden ist. Das bedeutet, sie wurden unter dieser Herkunftsbezeichnung erstmals wissenschaftlich beschrieben und benannt. Der rührige Kaup hat rund der Hälfte der Säugetierarten aus Eppelsheim einen Namen gegeben.

Auch die 2000 von Franzen publizierte Faunenliste über Eppelsheim musste wegen neuer Erkenntnisse revidiert werden. Das dort aufgeführte Rüsseltier *Deinotherium levius* gilt heute als Synonym von *Deinotherium giganteum*. Außerdem kamen Neufunde – wie der Menschenaffe *Dryopithecus* sp., die spitzmausähnlichen Insektenfresser *Plesiosorex roosi* und *Crusafontina kormosi* sowie der Maulwurf *Talpa vallesensis* – dazu.

Liste der bei Eppelsheim entdeckten Tierarten (Stand 2008)

Eulipotyphla (Insektenfresser)
Talpa vallesensis VILLALTA & CRUSAFONT 1944
Plesiosorex roosi FRANZEN, FEJFAR & STORCH 2003 **(T)**
Crusafontina kormosi BACHMAYER & WILSON 1970

Primates (Herrentiere)
cf. *Dryopithecus* sp.
Paidopithex rhenanus POHLIG 1895 **(T)**
Rhenopithecus eppelsheimensis (HAUPT 1935) **(T)**

Carnivora (Raubtiere)
Agnotherium antiquum (KAUP 1833) **(T)**
Amphicyon eppelsheimensis WEITZEL 1930 **(T)**
Simocyon diaphorus (KAUP 1832) **(T)**
„Lutra" hessica LYDEKKER 1890 **(T)**
Ictitherium robustum GERVAIS (1850) **(T)**
Machairodus aphanistus (KAUP 1832) **(T)**
Paramachairodus ogygius (KAUP 1832) **(T)**

Rodentia (Nagetiere)
Palaeomys castoroides KAUP 1832 **(T)**

Proboscidea (Rüsselstiere)
Prodeinotherium bavaricum H. v. MEYER 1831
Deinotherium giganteum KAUP 1829 **(T)**

Gomphotherium angustidens (CUVIER 1806)
Tetralophodon longirostris (KAUP 1832) **(T)**
Stegotetrabelodon gigantorostris (KLÄHN 1922)

Perissodactyla (Unpaarhufer)
Tapirus priscus KAUP 1833 **(T)**
Tapirus antiquus KAUP 1833 **(T)**
Aceratherium incisivum KAUP 1832 **(T)**
Brachypotherium goldfussi (KAUP 1834) **(T)**
Dihoplus schleiermacheri (KAUP 1832) **(T)**
Chalicotherium goldfussi KAUP 1833 **(T)**
Hippotherium primigenium (H. v. MEYER 1829) **(T)**

Artiodactyla (Paarhufer)
Propotamochoerus palaeochoerus (KAUP 1833) **(T)**
Conohyus simorrensis (LARTET 1851)
Microstonyx antiquus (KAUP 1833) **(T)**
Dorcatherium naui (KAUP 1834) **(T)**
Euprox furcatus (HENSEL 1859)
Euprox dicranocerus (KAUP 1833) **(T)**
Amphiprox anocerus (KAUP 1833) **(T)**
„Cervus" nanus (KAUP 1839) **(T)**
Miotragocerus cf. *pannoniae* (KRETZOI 1941)

Chelonia (Schildkröten)
Trionyx sp.

Außerdem wurden Fische und Pflanzen gefunden, die nicht näher bestimmbar oder nicht wissenschaftlich bearbeitet sind.

(T) = Typuslokalität ist Eppelsheim

Bei in Klammern gesetzten Autorennamen wurde die betreffende Art ursprünglich unter einer anderen Gattung beschrieben und benannt.

Tierwelt am Ur-Rhein bei Eppelsheim vor etwa zehn Millionen Jahren auf einem Gemälde von Pavel Major aus Prag, das im Auftrag der Gemeinde Eppelsheim angefertigt wurde: Im Vordergrund links und rechts hornlose Nashörner (Aceratherium incisivum), dazwischen dreihufige Ur-Pferde (Hippotherium primigenium) und kleinwüchsige Hirsche (Euprox furcatus). Im Hintergrund rechts eine Herde von Rhein-Elefanten (Deinotherium giganteum), im Hintergrund links auf der anderen Flussseite krallenfüßige Huftiere (Chalicotherium goldfussi).

In dieser Faunenliste fielen Jens Lorenz Franzen verschiedene Aspekte auf. Bemerkenswert fand er das Vorkommen von Menschenaffen (*Dryopithecus* sp., *Paidopithex rhenanus, Rhenopithecus eppelsheimensis*), die heute in ihrem Auftreten auf den tropischen Klimagürtel Afrikas und Asiens begrenzt sind. Das Vorkommen mehrerer Gattungen von Rüsseltieren betrachtete er als Hinweis dafür, wie günstig die Lebensbedingungen für diese großen Pflanzenfresser einst im Mainzer Becken gewesen sein müssen. Denn heute gibt es auf dem ganzen Kontinent Afrika nur noch zwei Arten und auf dem Subkontinent Indien nur noch eine Art von Rüsseltieren. Verstärkt werde dieser Eindruck durch das Auftreten von mindestens drei Nashornarten. Das Vorkommen von mehreren Hirscharten und drei Schweinearten deutete Franzen so, dass es sich bei der Umgebung der Fundstelle Eppelsheim nur um ein Waldbiotop gehandelt haben kann. Dagegen spreche das Auftreten je einer Antilopenart bzw. Pferdeart nicht.

Früher wurden die Dinotheriensande in großem Umfang für Bauzwecke von Einheimischen in Sandgruben abgebaut, wobei immer wieder Zähne oder Knochen von Säugetieren ans Tageslicht kamen. Heute erfolgt ein Großabbau von Sand und Kies nur noch auf dem Steinberg bei Sprendlingen.

Joachim Bartz erkannte 1936, dass die Reste von Säugetieren nur aus einem Horizont an der Basis der Sandfolge stammen. Dabei handelt es sich um grobe Kiese oder kiesführende Grobsande im unteren Bereich der Dinotheriensande. Bis zu 17 Zentimeter große Buntsandsteingerölle aus dem südlichen Oberlauf im Oberrheingebiet dokumentieren die starke Strömung des Ur-Rheins.

Der Ur-Rhein veranschaulicht eindrucksvoll, wie sich ein Fluss im Laufe der Erdgeschichte verändern kann. Ähnliches kennt man auch aus anderen Zeiten und Gegenden.

Das älteste Flusssystem in der Gegend des heutigen Oberrheins zum Beispiel strömte im Eozän vor etwa 45 Millionen Jahren von Norden nach Süden. Während der Rhein in der Gegenwart von Süden nach Norden fließt, verlief das Gefälle damals noch umgekehrt.

Der älteste Vorläufer des Mains im Oligozän vor mehr als 35 Millionen Jahren floss nur bis Bamberg wie der heutige Main von Osten nach Westen, von da ab jedoch im heutigen Regnitz-/Rednitz-Tal nach Süden und mündete etwa bei Augsburg in das zu jener Zeit im Alpenvorland sich ausbreitende Meer. Vor etwa 14,7 Millionen Jahren wurde der Ur-Main durch Trümmermassen eines Meteoriteneinschlags (Nördlinger Ries) nördlich von Treuchtlingen zu einem riesigen See aufgestaut, der später auslief.

Eine entgegengesetzte Strömungsrichtung wie die heutige Donau hatten die Flüsse im Miozän vor mehr als 15 Millionen Jahren im Alpenvorland. Weil das meist nur sehr geringe Gefälle damals von Osten nach Westen gerichtet war, strömten die Flüsse von Oberösterreich aus zu dem von der Schweiz nach Südwesten zurückweichenden Meer. Das sich von Osten nach Westen ausbreitetende Flussnetz wurde vor allem durch die Ur-Enns und Ur-Salzach gespeist.

Die Ur-Donau drang im Miozän vor etwa sieben Millionen Jahren von Niederösterreich aus durch rückschreitende Erosion immer weiter nach Westen in das zugleich mit den Alpen im Westen stärker als im Osten aufsteigende Vorland vor. Dadurch kehrten sich das Gefälle und die Fließrichtung der Flüsse in Süddeutschland in West-Ost-Richtung um. Allmählich gliederten sich immer mehr Zuflüsse vom Gebirge im Süden und von Norden her der Ur-Donau an, die zunächst auf der Alb-Hochfläche floss und später dann das untere Altmühltal eintiefte.

Ihre größte Länge erreichte die Donau wohl vor etwa fünf bis sechs Millionen Jahren in der Übergangszeit zwischen Miozän und Pliozän. Damals bildete die Aare ihren Oberlauf, so dass man für jene Zeit auch von Aare-Donau sprechen kann. Erst im mittleren Pliozän vor etwa drei bis vier Millionen Jahren verlor die Donau die Aare als Quellfluss. Die Aare wurde damals über die Burgundische Pforte zunächst zur Saone/Rhone abgeleitet, später dann nach Norden zum Oberrhein und wurde so zu einem Teilstück des heutigen Hochrheins zwischen Waldshut und Basel. Heute markieren die Quellflüsse Breg und Brigach den Beginn der Donau, die teilweise unterirdisch oberhalb von Tuttlingen und Immendingen nach Süden entwässert (Donauversinkung) und im Aach-Topf nördlich von Singen/Hegau wieder zutage kommt, um von dort in den Hochrhein zu entwässern.

Irgendwann im frühen Eiszeitalter vor etwa 1,5 Millionen bis 800.000 Jahren verband sich der im Fichtelgebirge entspringende, ursprünglich nach Südwesten in Richtung Rhonetal abfließende Ur-Main (auch Bamberger Main genannt) mit dem westwärts strömenden Aschaffenburger Main. Damit erhielt er Anschluss an den Rhein.

Ablagerungen von Rhein, Main und Taunusbächen aus dem Eiszeitalter vor etwa 600.000 Jahren kennt man aus den Mosbach-Sanden (früher Mosbacher Sande) im heutigen Stadtgebiet von Wiesbaden. Sie sind nach dem ehemaligen Dorf Mosbach zwischen Wiesbaden und Biebrich benannt, das 1926 in Wiesbaden eingemeindet wurde. Die Mosbach-Sande enthalten Reste von Flusspferden, Rüsseltieren, Nashörnern, Wildpferden, Bisons, Bären, Wölfen, Hyänen, Säbelzahnkatzen, Jaguaren, Geparden, Riesenlöwen und Affen.

Luftbild der Grabungsstelle „Auf dem Alzeyer Weg" bei Eppelsheim von 1999. Diese Aufnahme entstand während eines Fluges des Paläontologen Jens Lorenz Franzen vom Forschungsinstitut Senckenberg in Frankfurt am Main mit einem Heißluftballon.

Die Dinotherien-Sande oder Eppelsheimer Sande

Die etwa zehn Millionen Jahre alten Ablagerungen des Ur-Rheins in Rheinhessen wurden schon zu Lebzeiten des Darmstädter Paläontologen Johann Jakob Kaup (1803–1873) als Dinotheriensande bezeichnet. Dieser Begriff beruht darauf, dass sich zwischen den Sanden und Schottern oft Reste des Rüsseltieres *Deinotherium giganteum* befinden. Heute spricht man statt von Dinotheriensanden auch von den Eppelsheimer Sanden oder der Eppelsheim-Formation.

Kaup hatte 1829 ein bei Eppelsheim entdecktes Rüsseltier als *Deinotherium giganteum* („Riesiges Schreckenstier") und später noch viele andere Säugetiere aus Ablagerungen des Ur-Rheins in Rheinhessen beschrieben. 1832 änderte er die Schreibweise *Deinotherum* in *Dinotherium* ab. Nach den Regeln der Nomenklatur hätte er eigentlich den zuerst vorgeschlagenen Gattungsnamen *Deinotherium* beibehalten müssen. Ungeachtet dessen schlossen sich ihm viele Autoren an.

Im Laufe der Zeit wurde der Gattungsname *Dinotherium* in zahlreichen Lehr- und Handbüchern der Paläontologie, der Stratigraphie und Allgemeinen Geologie aller europäischen Länder sowie auch in Schichtbezeichnungen verwendet. Deshalb hat die Paläontologin Irmgard E. Gräf 1957 bei der Internationalen Kommission für zoologische Nomenklatur die Aufhebung der Regel zugunsten der Namensform *Dinotherium* statt *Deinotherium* beantragt. Das fand aber nicht nur Zustimmung.

Die Ablagerungen des Ur-Rheins in Rheinhessen sind weder aus der Luft noch vom Boden aus zu erkennen. Denn sie liegen heute nicht direkt an der Erdoberfläche, sondern unter Flugstaubablagerungen (Löss) aus dem Eiszeitalter (etwa 2,3 Millionen bis 10.000 Jahre) verborgen.

Grabung des Naturhistorischen Museums Mainz / Landessammlung für Naturkunde Rheinland-Pfalz im Gewann „Auf dem Alzeyer Weg" bei Eppelsheim im Herbst 2008

In der Gegend von Eppelsheim ist der Löss bis zu drei Meter mächtig. In Kaltzeiten des Eiszeitalters bliesen Fallwinde aus Gegenden mit vegetationslosem Boden den feinen Staub bis in die moos-, flechten- und grasbewachsenen Tundren und Kältesteppen, wo er als Löss angehäuft wurde. Solchen fruchtbaren Löss kennt man aus Rheinhessen, der Magdeburger Börde, der Ukraine und Südsibirien.

Bohrungen, die vor den wissenschaftlichen Grabungen von 1996 im Gewann „Auf dem Alzeyer Weg" bei Eppelsheim vorgenommen wurden, zeigten, dass Verfärbungen der Vegetation nicht die Verbreitung der Dinotheriensande nachzeichnen. Die Sande und Kiese der Dinotheriensande und die in ihnen enthaltenen Tierreste sind erst sichtbar, wenn sie durch Sandgruben oder Baumaßnahmen erschlossen werden.

In Rheinhessen kennt man dank vieler Sandgruben (dort Sandkauten oder Sandkuhlen genannt) zahlreiche Fundstellen in den Dinotheriensanden. Darunter sind zweifellos Eppelsheim im Kreis Alzey-Worms und die Fundstellen am Wissberg bei Gau-Weinheim im Kreis Mainz-Bingen wegen besonders reichhaltiger und aufsehenerregender Wirbeltierfossilien am bekanntesten.

Die gebietsweise wie Perlen an einer Schnur aufgereihten Dinotheriensande-Fundorte markieren den Lauf des Ur-Rheins. Dieser floss aus dem Süden kommend von Worms über Westhofen, Eppelsheim und das Gebiet von Alzey nach Norden. Über Bermersheim strömte er in Richtung Wissberg bei Gau-Weinheim und Steinberg (Napoleonshöhe) bei Sprendlingen nach Bingen. Weiter ging es über das Rheinische Schiefergebirge bis ins Niederrheingebiet.

Der Ur-Rhein in Rheinhessen befand sich in einem geologisch unruhigen Gebiet mit zahlreichen von Südosten nach Nordwesten verlaufenden Störungen im Untergrund. Eine dieser Störungen wurde bei wissenschaftlichen Grabungen in der Eppelsheimer Gegend entdeckt. Es handelte sich um eine Verwerfung, die bei Bewegungen des Untergrundes entstand.

Schlämmarbeiten 2005 an der Grabungsstelle im Gewann „Auf dem Alzeyer Weg" bei Eppelsheim. Im Vordergrund der Geologe und Paläontologe Jens Sommer, der Autor der Doktorarbeit „Sedimentologie, Taphonomie und Paläoökologie der miozänen Dinotheriensande von Eppelsheim/Rheinhessen" (2007)

Wissenschaftliche Daten über die Sedimentologie, die abgelagerten Fossilien und die Paläoökologie des Ur-Rheins befinden sich in der Doktorarbeit des Geologen Jens Sommer aus Hannover. Er hat im Hessischen Landesmuseum Darmstadt (HLMD), Naturhistorischen Museum Mainz (NHMM), Forschungsinstitut Senckenberg in Frankfurt am Main (FIS) und im Dinotherium-Museum in Eppelsheim fast 10.000 fossile Wirbeltierfragmente aus allen bekannten Dinotheriensande-Vorkommen in Rheinhessen und über 10.000 Gerölle aus den Dinotheriensanden bei Eppelsheim untersucht. Seine Ergebnisse geben folgendes Bild über den Ur-Rhein und seine Ablagerungen, die Dinotheriensande:

Anfangs hatte der Ur-Rhein, der im Raum Eppelsheim an einer tektonisch bedingten Störung entlang floss, wie der Geologe Frank Holzförster 2008 beschrieb, eine starke Fließgeschwindigkeit von über 200 Kubikzentimeter pro Sekunde. Dabei räumte die Strömung in diesem Bereich geschwächte Kalksteinschichten aus dem Miozän (etwa 23 bis 5 Millionen Jahre) und Oligozän (etwa 37 bis 23 Millionen Jahre) zu einem Flussbett aus. Die starke Strömung riss Gerölle bis zu 17 Zentimeter Größe sowie Zahn- und Knochenreste von Säugetieren mit und lagerte sie zusammen mit Grobsand (0,63 bis 2 Millimeter) an der Basis der Dinotheriensande ab.

Neben Grobsand und Geröllen bestehen die Dinotheriensande überwiegend aus Feinsand (0,06 bis 0,2 Millimeter) und Mittelsand (0,2 bis 0,63 Millimeter). Bei Eppelsheim erreichen die aus mehreren Schichtkörpern bestehenden Ablagerungen eine Mächtigkeit von etwa sieben Metern. Sämtliche Schichtkörper sind schräg geschichtet. Analysen der Verschüttungsrichtung der Dinotheriensande bei Eppelsheim aus Schrägschichtungsmessungen ergaben eine damalige Hauptrichtung der Strömung (Paläoströmung) im unteren Bereich aus Süd-Süd-Ost und im oberen Bereich aus Süd-Süd-West kommend.

Auffällig ist die Ansammlung der fossilen Wirbeltierfragmente im basalen Bereich der Dinotheriensande von Eppelsheim und

Schichtblock auf der Basis der Dinotheriensande an der Grabungsstelle im Gewann „Auf dem Alzeyer Weg" bei Eppelsheim

am Wissberg bei Gau-Weinheim, welche den ersten Fossilhorizont beider Fundstellen bildet. Noch mehr überrascht die fast exakt übereinstimmende Ablagerungshöhe des zweiten und dritten Fossilhorizontes. So folgt bei Eppelsheim über dem ersten Fossilhorizont an der Basis der zweite bei etwa 1,40 bis 1,50 Meter und der dritte bei ca. 4 bis 4,10 Meter Höhe innerhalb der Abfolge der ingesamt sieben Meter mächtigen Dinotheriensande. Auch der Darmstädter Hydrogeologe Wilhelm Wagner (1884–1970) beschrieb 1946 drei Fossilhorizonte mit fast identischem Höhenniveau an der Basis, bei etwa 1 bis 1,50 Meter und bei drei bis vier Metern in den ungefähr sechs bis neun Meter mächtigen Ablagerungen am Wissberg.

Die im Höhenniveau überwiegende Einheitlichkeit dieser drei Fossilhorizonte sowie deren identischer Fossilinhalt (Fundzusammensetzung, Fundzustand) und Geröllinhalt dieser doch relativ weit auseinander liegenden Fundlokalitäten (Eppelsheim im südlichen und Wissberg im nördlichen Rheinhessen) sind erstaunlich. Sie lassen den Schluss zu, dass es sich hierbei um jahreszeitlich bedingte, kurzzeitige Frühjahrshochwasser-Ablagerungen handeln könnte.

Die Analyse von 10.165 unterschiedlichen Geröllen aus den Dinotheriensanden während der Grabungen bei Eppelsheim ergab eine Zusammensetzung aus gut gerundeten Quarzarten (56,02 Prozent), Quarziten (18,05 Prozent), Sandsteinen (6,35 Prozent), Kieselschiefern (3,16 Prozent), Hornsteinen (9,57 Prozent), unterschiedliche Variantionen von Chalzedon (0,32 Prozent mit Karneol, Heliotrop, Onyx und Achat) sowie Rhyolith (4,32 Prozent) und Granit (0,32 Prozent).

In den gesamten Dinotheriensanden sind große Ton-Silt-Linsen eingeschaltet. Dabei könnte es sich um Bruchschollen aus der Uferböschung handeln, die durch Auswaschungen vom Uferrand in den Fluss heruntergebrochen und dann schnell von der Sandfracht des Ur-Rheins überdeckt wurden. Die eigentlichen Sande bestehen neben den schon erwähnten Geröllkomponenten aus überwiegend gut bis kantengerundeten Quarz-

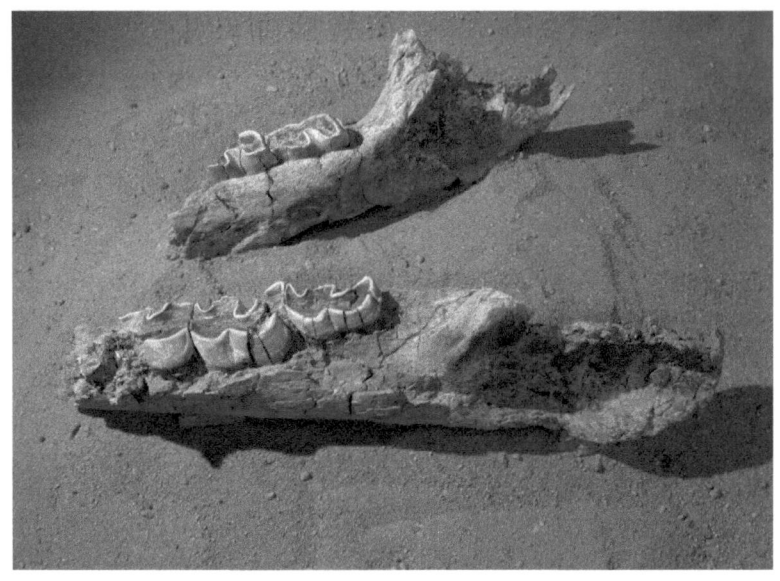

Unterkiefer eines Nashorns von der Grabungsstelle im Gewann „Auf dem Alzeyer Weg" bei Eppelsheim. Originale im Naturhistorischen Museum Mainz / Landessammlung für Naturkunde Rheinland-Pfalz

komponenten mit einem Glimmer-Anteil von Muskovit, etwas Biotit und in geringem Maße Phlogopit.
Das Schwermineralspektrum der Dinotheriensande bei Eppelsheim setzt sich aus Granat, Apatit, Amphibol, Staurolith, Turmalin, Zirkon, Alterit, Hypersthen, Spinell, Siderit, Rutil, Topas, Gips, Augit und einem hohen Gehalt an undurchsichtigen Mineralen zusammen.
Die in den beschriebenen Fundhorizonten angereicherten Wirbeltierreste bestehen zum größten Teil aus Zahnfragmenten und Zähnen. Weitere, meist zerbrochene Schädel- und Skelettfragmente kommen nur in geringem Umfang vor. Komplette Zähne und Knochen wurden nur selten gefunden.
Fast alle Zahn- und Knochenfragmente sind leicht bis stark abgerollt, was für einen längeren Transportweg im Fluss spricht. Dabei ergibt sich für die Wirbeltierfossilien aus allen Fundorten in den Dinotheriensanden folgende Aufteilung: 3,14 Prozent nicht abgerollt, 17 Prozent leicht abgerollt, 65,37 Prozent abgerollt und 14,49 Prozent stark abgerollt.
Neben dem Abrollungsgrad sind bei Fragmenten, die in einem Fluss transportiert wurden, das Bruchmuster und der Anteil an zerbrochenen und kompletten Fossilien sehr interessant. Dadurch bekommt man unter anderem Auskunft über die Länge des Transportweges der Fossilien. Ein Knochenfragment mit scharfen Bruchkanten hat zum Beispiel einen nicht so langen Transportweg hinter sich wie ein Fragment mit stumpfen Bruchkanten. Auch kann man erkennen, ob ein Knochen kurz nach dem Tode des Tieres, zum Beispiel an der Oberfläche oder erst nach der Einbettung zerbrochen ist, also schon als transportiertes Fossil.
Der größte Teil der Knochenfragmente zeigt ein einheitliches Bruchmuster. Es ist gekennzeichnet durch eine sägezahnförmige Fraktur mit scharfen Bruchkanten.
Der Gesamtanteil der aufgearbeiteten Fragmente aus Rheinhessen beträgt 95,68 Prozent aller Funde (53,75 Prozent zerbrochene Knochen plus 41,93 Prozent zerbrochene Zähne). Dies

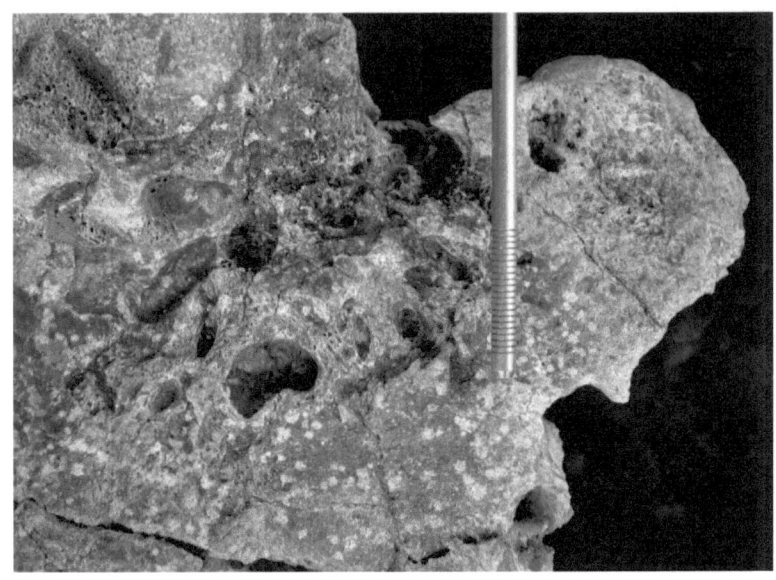

Von Insekten erzeugte Löcher an einem Knochenfund aus den Dinotheriensanden. Maßstab: 2 Zentimeter

zeigt, dass diese Wirbeltierreste über einen gewissen Zeitraum in einem Fluss transportiert und nach der Ummineralisierung mechanisch aufbereitet worden sind. Nur 4,23 Prozent aller Wirbeltierfunde sind als komplette Skelettteile erhalten. Daran wird deutlich, wie gering der Anteil von Funden kompletter Knochen und Zähne in den Dinotheriensanden ist.
Oberflächenmarken an den fossilen Zähnen und Knochen zeigen neben Bissspuren von Raubtieren auch Spuren von Insekten und Nagetieren. Diese Spuren deuten auf eine mehr oder weniger längere Liegezeit der Kadaver bzw. der Skelette oder vereinzelter Zähne und Knochen an der Erdoberfläche vor ihrer Einbettung in den Ablagerungen des Ur-Rheins hin.
Dabei belegen die Aktivitäten von Insekten, dass ein Teil der Tierkadaver bereits längere Zeit an der Erdoberfläche nahe des Flusses gelegen haben muss. Es sind nicht alle Tiere durch eine eventuelle „Flutkatastrophe" umgekommen und ihre Kadaver schnell eingebettet worden. Auch die Spuren von Trockenrissen an diversen Knochen unterstützen diese These. Die betreffenden Kadaver lagen damals anscheinend längere Zeit an der Erdoberfläche (Trockenrisse, Insektenspuren) oder in flachen Gewässern (Insektenspuren). Die zugehörigen Tiere wurden entweder Opfer von Raubtieren (Fraß- und Bissspuren) und Aasfressern (Fraß- und Bissspuren sowie Nagespuren) oder sind durch Katastrophen wie Dürre, Kälte, Hunger oder Unfall umgekommen.
Auch durch Krankheit oder altersbedingt können die Tiere eingegangen sein. Ebenso wäre es möglich, dass Kadaver der durch Hochwasser umgekommenen Tiere von Raubtieren und Aasfressern im Uferbereich zerlegt worden sind. Eventuell können aber auch ältere Skelettreste aus dem Landesinneren (Trockenrisse) durch das Hochwasser des Ur-Rheins zusammengeschwemmt worden sein.
Die Tatsache, dass alle bisher vorliegenden Wirbeltierreste aus den Dinotheriensanden isoliert und nur ein Rüsseltier-Skelett fast komplett gefunden wurde, zeigt, dass nicht alle Tiere durch

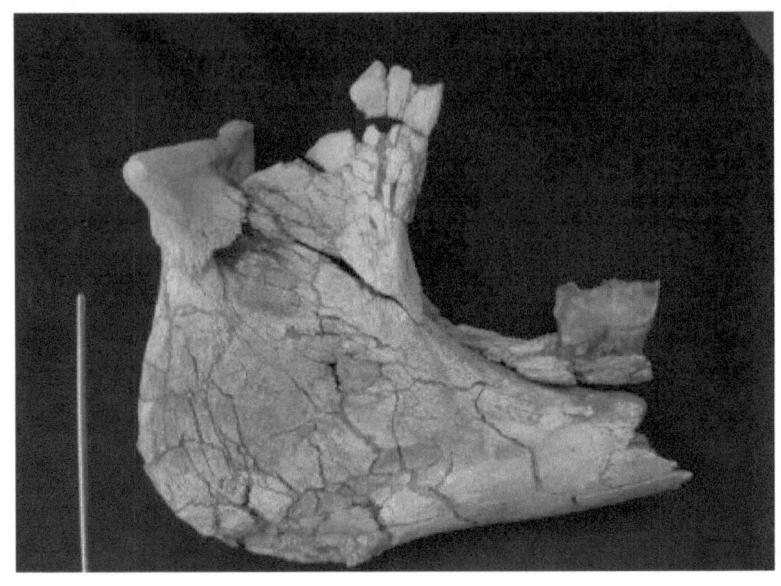

Unterkieferfragment eines Nashorns (oben) mit sägezahnförmiger Fraktur und scharfen Bruchkanten (Fund von 2006) sowie Zahn eines Nashorns (unten) von der Grabungsstelle „Auf dem Alzeyer Weg" bei Eppelsheim

Flutkatastrophen umgekommen sein müssen. Denn sie sind in unterschiedlichem Maße zerlegt worden.

Auffallenderweise befinden sich die fossilen Wirbeltierreste, die nicht im natürlichen Skelettverband abgelagert wurden, überwiegend in vereinzelter Fundlage und nicht gehäuft, ausgenommen im Strömungsschatten größerer Objekte. Mit Hilfe der Fossilien kann man anhand ihrer Zusammensetzung durch verschiedene anatomische Wirbeltierkomponenten, in Verbindung mit der Sedimentologie, auch die Fließgeschwindigkeit des Ur-Rheins zur Zeit der Ablagerung der Wirbeltierreste rekonstruieren.

Die Wirbeltierkomponenten innerhalb der so genannten Voorhies-Gruppen zeigen, in welchem Maße die verschiedenen Skelettelemente durch unterschiedlich starke, hydraulische Kräfte transportiert und abgelagert wurden. Diese Voorhies-Gruppen wurden 1969 durch den amerikanischen Wissenschaftler Michael Voorhies vorgestellt. Die Voorhies-Gruppe I beinhaltet nur die leichten Skelettelemente (zum Beispiel Rippen und Wirbel), die Voorhies-Gruppe II mittelschwere Komponenten (z. B. Oberschenkelknochen, Oberarmknochen) und die Voorhies-Gruppe III die schweren Skelettelemente (z. B. Schädel, Zähne, Unterkiefer mit Zähnen). Dazu gibt es auch Zwischengruppen wie I-II (z. B. Schulterblatt, Fingerknochen) und II-III (z. B. Unterkieferfragmente ohne Zähne, Fußwurzelknochen).

Zum Beispiel ist eine Ansammlung von Wirbeltierfragmenten, welche alle Voorhies-Gruppen (I-III) enthält, gewöhnlich nicht transportiert worden. Solche Fragmente befinden sich noch am Ort ihrer ursprünglichen Ablagerung (autochthon). Eine Ansammlung, welche nur Elemente der Gruppe III enthält, stellt hingegen in der Regel eine Ablagerung von Wirbeltierfragmenten dar, deren kleinere und leichtere Komponenten (Gruppen I und II sowie die Zwischengruppen I-II und II-III) von einer entsprechend starken Strömung abtransportiert und an anderer Stelle abgelagert wurden (allochthon). Die Daten aus

Unterkiefer des Rüsseltieres Tetralophodon longirostris von der Grabungsstelle im Gewann „Auf dem Alzeyer Weg" bei Eppelsheim. Original im Naturhistorischen Museum Mainz / Landessammlung für Naturkunde Rheinland-Pfalz

allen bekannten Lokalitäten der Eppelsheim-Formation in Rheinhessen zeigen deutlich einen Schwerpunkt bei der Voorhies-Gruppe III. Wir haben es hier demnach mit einer stärkeren Strömung des Ur-Rheins zu tun. Dies äußert sich auch durch die abgelagerten großen Gerölle, die zusammen mit den Wirbeltierresten besonders an der Flussrinnenbasis, aber auch in zwei weiteren Horizonten der Dinotheriensande, schwerpunktmäßig abgelagert worden sind.

Bei den Eppelsheimer Funden im Hessischen Landesmuseum Darmstadt zählen 76,38 Prozent, bei den Funden im Frankfurter Senckenberg-Museum 24,74 Prozent, im Naturhistorischen Museum Mainz 14,42 Prozent und bei den Esselborner Funden im Hessischen Landesmuseum Darmstadt 95,45 Prozent der Komponenten zur Voorhies-Gruppe III. Fossile Wirbeltierkomponenten aus den Gruppen I und II sowie die Zwischengruppen I-II und II-III sind nur untergeordnet vertreten. Die durch die stärkere Strömung bedingte Sortierung und Aufarbeitung der Wirbeltierreste zeigt sich deutlich in den hohen Werten von unbestimmbaren Zahn- und Knochenfragmenten. Sie umfassen bei den Funden im Frankfurter Senckenberg-Museum 70,99 Prozent und im Naturhistorischen Museum Mainz 83,15 Prozent.

Die bei der Auswertung gewonnenen Daten der bestimmbaren, teilbestimmbaren und unbestimmbaren Funde aller drei Museen in Darmstadt, Mainz und Frankfurt am Main lieferten auch Ergebnisse zur Mindestanzahl der im Fundgut vertretenden Individuen. Dabei gliedert sich die Gesamtanzahl von mindestens 988 Individuen aus allen untersuchten Fundorten der Dinotheriensande Rheinhessens wie folgt: An der Spitze liegt die Familie der Rhinocerotidae (Nashörner) mit 227 Individuen vor den Equidae (Pferde) mit 152 Individuen, den Suidae (Schweine) mit 134 Individuen und den Deinotheriidae (Dinotherien) mit 111 Individuen. Als reichste Fundstelle innerhalb der Dinotheriensande entpuppt sich der Wissberg bei Gau-Weinheim mit mindestens 307 Individuen, gefolgt von Eppelsheim

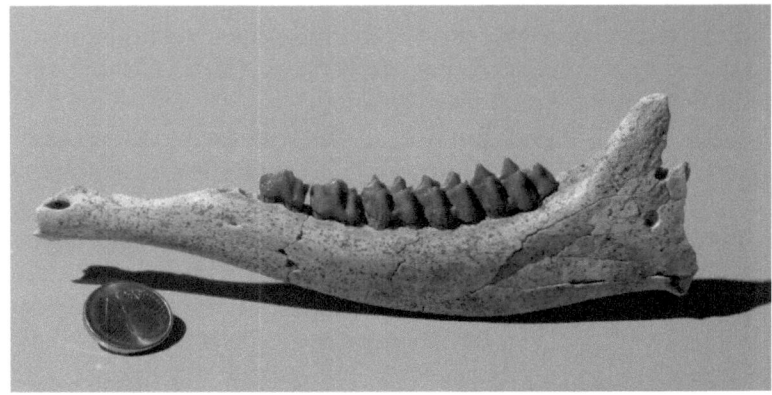

Unterkiefer eines kleinwüchsigen Hirsches von der Grabungsstelle im Gewann „Auf dem Alzeyer Weg" bei Eppelsheim. Original im Naturhistorischen Museum Mainz / Landessammlung für Naturkunde Rheinland-Pfalz

mit mindestens 213 Individuen, Gau-Weinheim mit mindestens 198 Individuen, Esselborn mit mindestens 155 Individuen und Westhofen mit mindestens 77 Individuen. Alle anderen Fundstellen der Dinotheriensande sind mit jeweils ein bis sechs Individuen vergleichsweise untergeordnet.

Zur Bestimmung des Altersspektrums der verschiedenen Tierarten wurde der Abkauungsgrad der bestimmbaren Zähne untersucht. Daneben lässt sich das Altersspektrum auch anhand der Knochen charakterisieren. Da aber komplette Knochen und Knochenfragmente aus den Dinotheriensanden nur in sehr geringer Anzahl zur Verfügung standen und diese auch überwiegend schlecht erhalten sind, hat Jens Sommer das Altersspektrum anhand der Zähne ermittelt. Alle nach ihrem Erhaltungszustand brauchbaren Zähne wurden bestimmt (Gebissposition), ihr Abkauungsgrad festgestellt und die so gewonnenen Daten zur Ermittlung des Altersspektrums ausgewertet. Zu diesem Zweck teilte Sommer die Zähne in vier Abkauungsgrade ein und gruppierte sie unter Berücksichtigung ihrer Position im Kiefer nach dem Alter des jeweiligen Individuums. Für Eppelsheim (im Frankfurter Senckenberg-Museum und im Naturhistorischen Museum Mainz) ergab sich dabei Folgendes: Jungtier 9,36 Prozent, Jugendlich 15,08 Prozent, Erwachsen 66,8 Prozent und Alttiere 8,76 Prozent.

Außerdem wurde die Farbe der einzelnen Fossilien erfasst, um auf diese Weise die Fundhorizonte der Funde in den historischen Sammlungen nachträglich zu bestimmen. Dies ist möglich, da die Dinotheriensande, inklusive der darin befindlichen Fossilien, von der Basis bis zum Top unterschiedlich gefärbt ist. Die Beobachtungen des Geologen Jens Sommer während der Grabungen in den Jahren von 2000 bis 2005 bei Eppelsheim haben gezeigt, dass man anhand ihrer Färbung auf die feinstratigraphische Herkunft der Fossilien schließen kann. Die fossilen Wirbeltierreste liegen in Schichten, die infolge Brauneisen-Ausfällungen unter Grundwassereinfluss unterschiedlich gefärbt sind. So stammen Wirbeltierfragmente mit brauner bis dunkelbrauner und teilweise auch schwarzer Färbung aus dem basalen Teil und Fragmente mit dunkelweißer bis weißer Färbung aus dem höheren Teil der Dinotheriensande.

Bereits dem Rostocker Paläontologen Hans Klähn (1884–1933) sind 1931 Farbunterschiede bei den fossilen Knochen und Zähnen aus den Dinotheriensanden aufgefallen. Er schrieb: „Man könnte daran denken, autochthone und allochthone Säugerreste durch die verschiedene Farbe zu unterscheiden, wobei aber Voraussetzung wäre, dass eingeschwemmte allochthone Stücke nicht die Farbe der sekundär autochthonen Formen annehmen. Ich habe das Farbkriterium auch zu verwerten versucht, doch erwies es sich als unsicher, schon aus dem Grund, weil Eisenlösungen, welche gerade in den rheinhessischen Dinotheriensanden eine große Rolle spielen, alle Skelettstücke derart durchfärbt, daß auch die schönste Originalfarbe gemischt oder gar ganz überdeckt wird."

Der Einwand von Klähn ist berechtigt, da man bei sekundär verfrachteten älteren Wirbeltierfragmenten nicht weiß, welche Farbe sie vor der letzten Ablagerung hatten. Allerdings kann man die Farbunterschiede der Fossilien zur nachträglichen Bestimmung des Fundhorizontes benutzen. Wie sich herausgestellt hat, sind die Fossilien in den untersten Schichten der Dinotheriensande, dem ersten Fossilhorizont, zwischen den Geröllen dunkelbraun bis braun. Zum zweiten Fossilhorizont hin werden sie zunächst dunkelgrau und grau sowie schließlich dunkelbeige bis beige. In den obersten Schichten haben die Fossilien, überwiegend im dritten Fossilhorizont, eine dunkelweiße bis weiße Farbe.

Fossilien aus Eppelsheim und Esselborn zeigen einen farblichen Schwerpunkt bei Beige. Beispielsweise haben Fossilien aus Eppelsheim im Frankfurter Senckenberg-Museum zu 39,26 Prozent, im Naturhistorischen Museum Mainz zu 51,46 Prozent und im Hessischen Landesmuseum Darmstadt zu 17,17 Prozent eine beige Farbe. Fossilien aus Esselborn im Hessischen Landesmuseum Darmstadt sind zu 60,37 Prozent beige.

Fossilien dieser Farbe waren überwiegend im zweiten Fossilhorizont sowie zwischen dem zweiten und dritten Fossilhorizont eingebettet.

Das schwerpunktmäßige Vorhandensein dieser Fossilien in den historischen Sammlungen erklärt sich daraus, dass die Sandgruben-Arbeiter offenbar nur den qualitativ hochwertigeren hellen Sand, in dem sich der zweite und dritte Fossilhorizont befinden, abgebaut haben. Der qualitativ schlechtere braune bis dunkelbraune Sand aus dem ersten Fossilhorizont an der Basis der Dinotheriensande wurde von den Sandgräbern dagegen kaum abgebaut. Seine Fossilien hat man dementsprechend weit weniger häufig geborgen.

Zahn des Ur-Pferdes Hippotherium primigenium in Ablagerungen des Ur-Rheins an der Grabungsstelle im Gewann „Auf dem Alzeyer Weg" bei Eppelsheim.

Darmstädter Paläontologe Johann Jakob Kaup (1803–1873) auf einem Holzschnitt von R. v. Brand'amour.

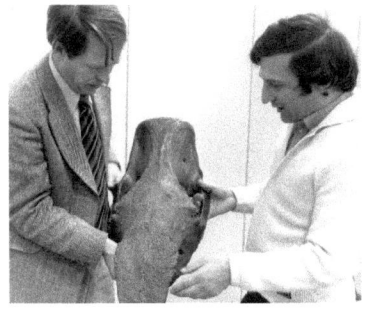

Der Paläontologe Wighart von Koenigswald (links) während seiner Zeit am Hessischen Landesmuseum Darmstadt und der Verfasser dieses Taschenbuches (rechts) betrachten einen fossilen Nashornschädel

Die Entdeckung des „Schreckenstieres"

In der ersten Hälfte des 19. Jahrhunderts gab der Boden des kleinen rheinhessischen Dorfes Eppelsheim viele Überreste von zumeist großen ausgestorbenen Tieren preis, die sehr zum Verständnis der Entwicklungsgeschichte der Säugetiere beigetragen haben. Besonders abenteuerlich hört sich die Entdeckung des so genannten „Schreckenstieres" an, um dessen Erforschung sich der Inspektor des „Großherzoglichen Naturalien-Cabinets" in Darmstadt, Johann Jakob Kaup (1803–1873), verdient gemacht hat.
Die Entdeckungsgeschichte des „Schreckenstieres" wurde 1982 von dem damals in Darmstadt und später in Bonn arbeitenden Paläontologen Wighart von Koenigswald in einem Sonderheft der „Alzeyer Geschichtsblätter" ausführlich und eindrucksvoll geschildert. Sein lesenswerter Beitrag trug den Titel „Das Dinotherium von Eppelsheim".
Heute ist nicht mehr zu ermitteln, wann in den Sandgruben im Gewann „Jörgenbauer" bei Eppelsheim die ersten fossilen Knochen und Zähne zum Vorschein kamen. Beim Abbau von Sand, den man für Bauarbeiten benötigte, wurden zwar immer wieder Tierreste entdeckt, aber in der Anfangszeit achtlos weggeworfen. Erst ab 1817 hat man Urzeitfunde aus Eppelsheim nach Darmstadt gebracht. Vermutlich geschah dies, weil der Direktor des „Großherzoglichen Naturalien-Cabinets", Ernst Schleiermacher (1755–1844), dafür Prämien ausgesetzt hatte. An der Sucharbeit beteiligte sich auch der Mitarbeiter dieses Museums, Johann Jakob Kaup.
Vom „Schreckenstier" waren zu jener Zeit bereits einzelne Backenzähne in Frankreich geborgen worden. Da sie eine ähnli-

Bergung des weltweit ersten Schädelfundes des so genannten Rhein-Elefanten oder „Schreckenstieres" (Deinotherium giganteum) im Jahre 1835 in einer Sandgrube im Gewann „Jörgenbauer" bei Eppelsheim auf einem Kupferstich von 1836

che Form wie die von Tapiren aufweisen – sie sind bloß etwas größer – ordnete sie der Pariser Wirbeltier-Paläontologe Georges Cuvier (1769–1832) einem Riesentapir zu. Andere Gelehrte übernahmen diese Auffassung von Cuvier, der in dem damals zu Württemberg gehörenden Mömpelgard (Montbéliard) als Georg Küfer zur Welt gekommen war.

Kaup bekam 1828 aus Eppelsheim den zerbrochenen Unterkiefer eines solchen vermeintlichen Riesentapirs zu Gesicht. Dieses Fossil ließ erkennen, dass das Tier im Unterkiefer zwei kräftige Stoßzähne besaß. Kaup setzte die Kieferfragmente so zusammen, dass die Stoßzähne nach vorn und oben gerichtet waren. So sah in der Gegenwart kein Tapir aus. Ohne zu wissen, wie der Rest dieses Lebewesens gestaltet sein musste, benannte Kaup 1829 das seltsame Fossil „*Deinotherium giganteum*", also „Riesiges Schreckenstier".

1833 erhielt Kaup den nahezu vollständigen Unterkiefer eines solchen rätselhaften Tieres aus Eppelsheim. Zu seinem Erstaunen waren bei diesem Fossil die Stoßzähne nicht nach oben gerichtet. Stattdessen ragten sie eindeutig nach unten und waren rückwärts gekrümmt. Kaup korrigierte noch im selben Jahr seinen Irrtum bei der Rekonstruktion. Nun hielt er das Tier für ein Flusspferd (*Hippopotamus*).

Erst ein weiterer Fund bei Eppelsheim brachte Klarheit über die wahre Natur des mysteriösen Säugetieres. 1835 entdeckte der Gießener Geologe August von Klipstein (1801–1894) in einer von ihm eigens für Grabungen erworbenen Sandgrube im Gewann „Jörgenbauer" den ersten Oberschädel des rätselhaften Tieres. Er benachrichtigte seinen Freund Kaup über diese sensationelle Entdeckung und bat ihn um Hilfe bei der Bergung des etwa 1,30 Meter langen Schädelrestes.

Über die Bergung notierte Kaup, dass 24 starke Männer, die auf einem Gerüst standen, den zuvor mit einem Gipslager, drei starken Eisenstangen und einem dicken Brett gegen Bruch gesicherten sowie noch von Gestein umgebenen Oberschädel in die Höhe zogen. Die ganze Last soll mehr als acht Zentner gewogen haben.

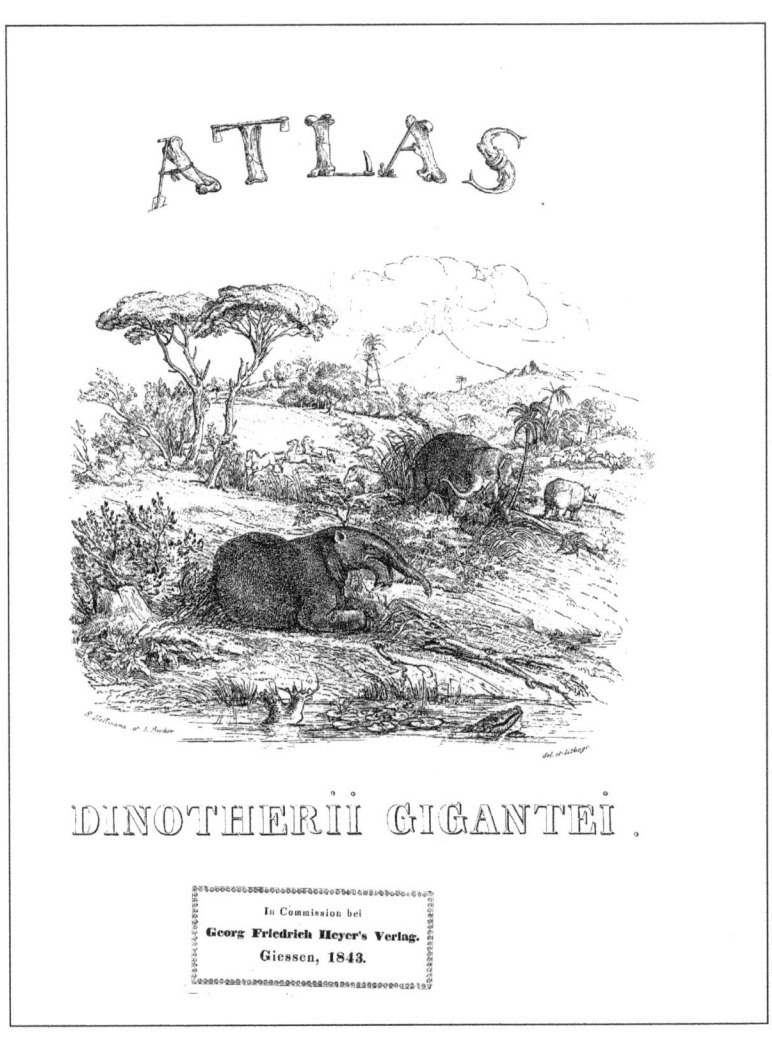

Als eine der frühesten Rekonstruktionen einer vorzeitlichen Landschaft und Tierwelt gilt diese Zeichnung auf dem Titelblatt des 1836 erschienenen Werkes von August von Klipstein und Johann Jakob Kaup.

Ein zeitgenössischer Kupferstich von 1836 in einer Publikation von Klipstein und Kaup zeigt diese Bergung: Kaup mit Brille überwacht in der sechs Meter tiefen Grube die Bergung. Klipstein steht über Kaup am Grubenrand und begrüßt diese wichtige Entdeckung für die Wissenschaft mit einer Flasche Wein in der Hand.
Nach der gelungenen Bergung wurde der „Schreckenstier"-Oberschädel auf einen Leiterwagen gebracht. Dort ruhte er auf einer Art „Kissen", mit dem etwaige Stöße aufgefangen werden sollten. Denn die Fahrt zum nahe gelegenen Städtchen Alzey ging über holprige Feldwege. Von Alzey aus wurde das Fossil nach Darmstadt transportiert, wo man es in der Folgezeit untersucht hat.
1836 beschrieben Klipstein und Kaup in deutscher und französischer Sprache den ein Jahr zuvor geborgenen Deinotherium-Oberschädel. Ihre Publikation trägt den langen Titel „Beschreibung und Abbildung von dem in Rheinhessen aufgefundenen colossalen Schedel des Dinotherii gigantei mit Mittheilung über die knochenführenden Bildungen des mittelrheinischen Tertiärbeckens". Die beiden Gelehrten schilderten die geologischen Verhältnisse in Rheinhessen und die Fundsituation und beschrieben das aufsehenerregende Fossil.
Der Beschreibung des Oberschädels lag der „Atlas Dinotherii gigantei" mit detaillierten Abbildungen des Fundes bei. Auf der Titelseite des Atlas zeigte Kaup eine Landschaft mit verschiedenen Tieren, deren Knochen in Eppelsheim gefunden wurden. Diese Zeichnung wurde von dem in Offenbach am Main geborenen Lithographen Ludwig Becker (1808–1861), der später bei einer Expedition in Australien ums Leben kam, unter Anleitung von Kaup angefertigt. Sie gilt als eine der frühesten Rekonstruktionen einer vorzeitlichen Landschaft und deren Tierwelt.
Auf dieser Zeichnung verriet Kaup deutlicher als in seinen Schriften, wie er sich das „Schreckenstier" mit Haut und Haaren vorstellte: Der massige Körper eines Dickhäuters trägt hier

Detailansicht des Abgusses vom 1835 im Gewann „Jörgenbauer" bei Eppelsheim entdeckten Oberschädel des Rhein-Elefanten oder „Schreckenstieres" (Deinotherium giganteum) im Dinotherium-Museum in Eppelsheim

einen schweren Kopf mit einem deutlichen Rüssel, den Kaup wegen der weiten Nasenöffnung am Oberschädel rekonstruierte. Aus dem Unterkiefer ragen zwei nach unten gerichtete Stoßzähne. Die Ohren sind auffallend klein. Da Kaup offensichtlich nicht wusste, ob das Tier die kurzen Beine eines Tapirs oder die langen eines Elefanten besaß, ließ er das „Schreckenstier" mit sorgfältig untergeschlagenen Beinen am Boden rasten.

Um den fehlenden Unterkiefer zu ersetzen, hatte Kaup nach einem Fund aus der Darmstädter Sammlung, der heute noch vorhanden ist, einen passenden Ersatz anfertigen lassen. Originalgetreue Abgüsse beider Stücke, die man sorgfältig mit Ölfarbe kolorierte, wurden damals für 280 Gulden oder 600 Francs von Darmstadt aus an Museen in aller Welt verkauft.

Weil die großherzogliche Sammlung in Darmstadt nicht über die nötigen Mittel für den Erwerb des Deinotherium-Oberschädels verfügte, suchte Klipstein andere Kaufinteressenten. 1837 schafften er und Kaup das kostbare Fossil nach Paris, wo es ausgestellt wurde und die Akademie zum Erwerb bewegen sollte. Dazu kam es jedoch nicht.

Inzwischen diskutierten auch ausländische Forscher über die mutmaßliche Gestalt dieses unbekannten Tieres, allen voran der französische Zoologe Henri Ducrotay de Blainville (1777–1859). Der Londoner Paläontologe Dean William Buckland (1784–1856) glaubte, in einigen Merkmalen des Schädels eine Übereinstimmung mit Seekühen zu erkennen. Damit wurde aus dem angeblichen Riesentapir nun eine vermeintliche Riesenseekuh, deren Vorderbeine zu Flossen umgewandelt sein sollten, während die Hinterbeine ganz fehlten. Buckland meinte, die Stoßzähne hätten in Ruhepausen dazu gedient, sich am Ufer zu verankern. In einem französischsprachigen Lehrbuch des Genfer Paläontologen François Jules Pictet (1809–1872) ist 1844 der Schädel aus Eppelsheim mit den Varianten Riesentapir und Riesenseekuh abgebildet worden. Spätere Funde beendeten den Gelehrtenstreit.

Anhand eines 1853 in Prag entdeckten unvollständigen Skelet-

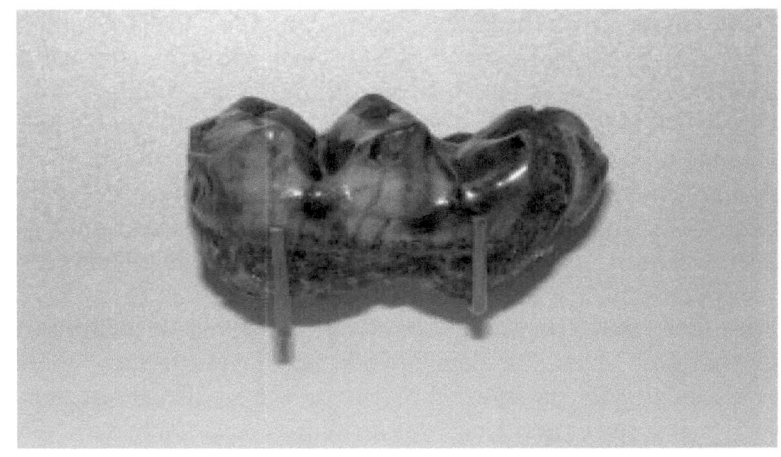

*Backenzahn des Rüsseltieres Deinotherium giganteum
im Dinotherium-Museum in Eppelsheim*

tes mit Resten des Gebisses und elefantenartigen Langknochen konnte die Seekuh-Theorie widerlegt werden. Auch die Größe und Gestalt eines 1883 im böhmischen Franzensbad (Frantiskovy Lázne) gefundenen, nahezu kompletten Skelettes ohne Oberschädel weisen das „Schreckenstier" als einen Verwandten der Elefanten aus. Das Franzensbader Exemplar ist etwa 2,60 Meter hoch und ungefähr 3,20 Meter lang, also etwas kleiner als das vermutlich mehr als drei Meter große Eppelsheimer Rüsseltier.

Noch größer als das Rüsseltier *Deinotherium giganteum* war die Art *Deinotherium gigantissimum* aus dem Pliozän (etwa fünf bis zwei Millionen Jahre). Sie erreichte eine Schulterhöhe bis zu vier Metern. Funde von *Deinotherium gigantissimum* gelangen bei dem Dorf Alexandru Vlahuta in Rumänien und bei der Stadt Konstanza am Schwarzen Meer.

Weil das *Deinotherium* zuerst in Rheinhessen entdeckt wurde, heißt es auch Rhein-Elefant. Seine nach unten gerichteten hakenförmig gekrümmten „Stoßzähne" trugen ihm außerdem den Namen „Hauer-Elefant" ein.

Die typische Begleitfauna der Fundorte sowie der Bau des ausgesprochen hochbeinigen Skeletts und das tapirähnliche Gebiss des *Deinotherium* deuten darauf hin, dass es sich um einen laub- und möglicherweise auch früchteäsenden Waldbewohner handelte. Die Abnutzungsspuren an den Stoßzähnen könnten beim Abschälen von Baumrinde entstanden sein. Neuere Untersuchungen legen für das *Deinotherium* ein eher tapirähnliches Aussehen mit kurzem Rüssel und kleinen Ohren nahe.

1849 wurde der Deinotherium-Schädelfund aus dem Besitz von August von Klipstein ohne Erfolg in London zum Verkauf angeboten. 1862 offerierte Klipstein seine gesamte geologische Sammlung, die nahezu 20.000 Stücke umfasste, im „Neuen Jahrbuch für Mineralogie, Geognosie, Geologie und Petrefaktenkunde" erneut zum Verkauf. Neben 360 Fossilien aus Eppelsheim wurde ausdrücklich der „schön erhaltene Schädel von Deinotherium giganteum, eines der kolossalsten Thiere der

Das Rüsseltier Deinotherium giganteum auf einem Bild des deutschen Tiermalers Heinrich Harder (1858–1935)

Vorwelt" angeführt. Um 1866 erwarb Thomas B. Oldham (1816–1878), der Direktor des geologischen Dienstes von Indien, die Sammlung. Dort waren ähnliche Funde in den Vorbergen des Himalaya entdeckt worden, für deren Bestimmung man nach Vergleichen suchte. Oldham gab 1867 den Oberschädel mit weiteren Stücken aus den Eppelsheimer Dinotheriensanden an das British Museum (Natural History) in London. Andere Teile seiner Sammlung wurden nach Kalkutta gebracht. Oft wurde behauptet, dass der Schädel des *Deinotherium* auf dem Transport nach England zerbrochen sei, aber das war nur ein Gerücht. Denn noch heute ist das Original aus Eppelsheim wohlbehalten in London aufbewahrt.
Je eine gute Kopie des Deinotherium-Schädels befindet sich im Hessischen Landesmuseum Darmstadt, im Museum Wiesbaden, im Naturhistorischen Museum Mainz, im Naturhistorischen Museum Basel, im Naturhistorischen Museum Wien und im Dinotherium-Museum in Eppelsheim.
Der Schädel des „Schreckenstieres" *Deinotherium giganteum* ist das Wappentier der Rheinischen Naturforschenden Gesellschaft, des Naturhistorischen Museums Mainz/Landessammlung für Naturkunde Rheinland-Pfalz und seit dem 11. August 2001 auch des Dinotherium-Museums in Eppelsheim.
Moderne wissenschaftliche Grabungen erfolgten ab 1996 im Gewann „Auf dem Alzeyer Weg" bei Eppelsheim durch die Paläontologen Jens Lorenz Franzen und Gerhard Storch vom Frankfurter Forschungsinstitut Senckenberg. Seit 2001 werden diese Grabungsaktivitäten von der Landessammlung für Naturkunde Rheinland-Pfalz fortgesetzt. Dies geschieht im Rahmen einer Kooperationsvereinbarung mit dem Forschungsinstitut Senckenberg. Kooperationspartner ist dabei die Abteilung Paläanthropologie und Quartärpaläontologie, Sektion Tertiäre Säugetiere (Ottmar Kullmer).
Funde aus Eppelsheim werden in den Sammlungen des Naturhistorischen Museums Mainz/Landessammlung für Naturkunde Rheinland-Pfalz, des Forschungsinstituts und Naturmuseums

Senckenberg in Frankfurt am Main und des Hessischen Landesmuseums Darmstadt aufbewahrt. In Eppelsheim zeigt das Dinotherium-Museum einen Abguss des Dinotherium-Schädelfundes von 1835 sowie Originalfunde und eine Rekonstruktion des Lebensraumes Ur-Rhein. Auch im Museum Alzey kann man Funde aus Eppelsheim sehen.

In Südfrankreich entdeckte man bereits 1613 Skelettreste von *Deinotherium*, die damals aber nicht als „Schreckenstier" bezeichnet wurden. Der Barbier Pierre Mazurier deutete diesen Fund phantasievoll als Skelett des Timbernkönigs Teutobochus und zeigte die Knochen für Geld auf französischen Jahrmärkten.

Abguss des 1835 im Gewann „Jörgenbauer" bei Eppelsheim entdeckten Oberschädels des Rhein-Elefanten oder „Riesigen Schreckenstieres" (Deinotherium giganteum) im Hessischen Landesmuseum Darmstadt

Lebensbilder prähistorischer Rüsseltiere:
Deinotherium giganteum von Pavel Major aus Prag (oben)
und Mastodon von Heinrich Harder aus Berlin (unten)

Ein Paradies für Rüsseltiere

Die Landschaft in Rheinhessen, durch die sich der Ur-Rhein vor etwa zehn Millionen Jahren seinen Weg bahnte, war offenbar ein wahres Paradies für große Rüsseltiere. Nur so ist es zu verstehen, dass dort – nach den Funden zu schließen – insgesamt fünf Arten von Rüsseltieren vorkamen. Heute leben in ganz Afrika nur zwei Arten von Rüsseltieren (*Loxodonta africana, Loxodonta cyclotis*) und in Asien bloß eine Spezies (*Elephas maximus*).

Die in den Dinotheriensanden von Rheinhessen gefundenen Arten der Rüsseltiere (Proboscidea) stammen von zwei Gruppen. Nämlich von den Deinotheriidae (auch Deinotherien, Dinotherien oder „Schreckenstiere" genannt) und von den Mastodontoidae (auch Mastodonten oder Zitzenzahn-Elefanten genannt), zu denen die Familien Gomphotheriidae, Mammutidae und Stegodontidae gehören.

Für die 1845 von dem italienischen Gelehrten Charles Lucien Jules Laurent Bonaparte (1803–1857) beschriebene Gruppe der Deinotheriidae sind zwei nach unten gerichtete hakenförmig gekrümmte Stoßzähne im Unterkiefer typisch. Dagegen fehlten die bei Mastodonten und Echten Elefanten (Mammut und heutige Elefanten) vorhandenen Stoßzähne im Oberkiefer.

Deinotheriidae existierten in Afrika vom Oligozän vor etwa 30 Millionen Jahren bis zum Eiszeitalter (Pleistozän) vor etwa 1 Million Jahren. In Europa lebten sie vom frühen Miozän vor etwa 20 Millionen Jahren bis zum Pliozän (etwa 5 bis 2 Millionen Jahre).

Als Kennzeichen der 1828 von dem amerikanischen Paläontologen Henry Fairfield Osborn (1857–1935) beschriebenen Grup-

*Früheste Gattung der Mastodonten: Palaeomastodon.
Ein Bild des deutschen Tiermalers Heinrich Harder*

pe der Mastodontoidae gelten vier Stoßzähne (zwei im Oberkiefer, zwei im Unterkiefer). Oft sind die oberen Stoßzähne nach unten gebogen und die unteren gerade gestreckt.

Mastodonten besaßen mehr Backenzähne als die späteren Elefanten. Sie hatten drei Milchzähne, zwei bis drei Vorbackenzähne, drei Backenzähne (allerdings nicht alle gleichzeitig). Elefanten inklusive Mammut trugen drei Milchzähne und drei Backenzähne.

Wie die späteren Elefanten hatten Mastodonten schon einen „horizontalen Zahnwechsel": Ihre Backenzähne wurden nacheinander – von hinten nach vorne – in den Kiefer eingeschoben. Im Laufe ihres Lebens hatten Mastodonten insgesamt acht bis neun Backenzähne pro Kieferhälfte in Gebrauch. Sehr alte Mastodonten besaßen nur noch einen einzigen großen Backenzahn pro Kieferhälfte.

Die Backenzähne der Mastodonten besitzen zahlreiche zitzenförmige, zu Querjochen vereinigte Höcker. Auf der charakteristischen Form dieser Zähne beruht der Name Mastodonten (Zitzenzahn-Elefanten). Mammute und Elefanten dagegen haben Zähne mit Lamellen, die ihnen auch das Kauen von Gräsern ermöglichten. Die Mastodontoidae gelten als Vorfahren der Elefanten.

Zu den Mastodontoidae und innerhalb derselben zur Familie der Gomphotheriidae gehören die Arten *Gomphotherium angustidens, Tetralophodon longirostris* und *Stegotetrabelodon gigantorostris*.

Mastodonten gab es in Afrika bereits im Oligozän vor etwa 35 Millionen Jahren. Als früheste Gattung gilt *Palaeomastodon*. In Europa erschienen Mastodonten im Miozän vor mehr als 20 Millionen Jahren und starben im Pliozän (etwa 5 bis 2 Millionen Jahre) aus. Die letzten Mastodonten verschwanden zusammen mit den Mammuten gegen Ende des Eiszeitalters vor etwa 10.000 Jahren in Amerika.

Rüsseltier Prodeinotherium bavaricum

Folgende Arten von Rüsseltieren, von denen manche allerdings sehr umstritten sind, kennt man aus den Dinotheriensanden in Rheinhessen:

Prodeinotherium bavaricum
Prodeinotherium bavaricum wurde 1831 von dem Frankfurter Paläontologen Hermann von Meyer (1801–1869) beschrieben. Ihm hatte dabei ein Fund aus Georgensgmünd in Bayern vorgelegen. Reste von *Prodeinotherium bavaricum* werden vor allem in Südbayern häufig entdeckt. Das „Bayerische Schreckenstier" lebte auch am Ur-Rhein bei Eppelsheim in Rheinhessen und in vielen anderen Gegenden Europas. *Prodeinotherium bavaricum* gehört mit einer Schulterhöhe bis zu etwa 2,70 Metern zu den kleineren Arten von *Deinotherium*. Es trug wie das große *Deinotherium giganteum* im Unterkiefer zwei nach unten gerichtete hakenförmig gekrümmte Stoßzähne.

Deinotherium giganteum
In der populärwissenschaftlichen Literatur ist die 1829 von dem Darmstädter Paläontologen Johann Jakob Kaup (1803–1873) beschriebene Art *Deinotherium giganteum* („Riesiges Schreckenstier") das bekannteste Rüsseltier am Ur-Rhein. Bei der Beschreibung hatten Kaup ein linker Unterkieferast mit Stoßzahn und ein rechter Kieferast aus den Dinotheriensanden bei Eppelsheim vorgelegen. Ab 1832 verwendete Kaup für die Gattung die Schreibweise *Dinotherium* statt *Deinotherium*. In der Literatur findet man heute beide Varianten. Aber nur die Zweite ist die Richtige.
Deinotherium giganteum erreichte eine Schulterhöhe von etwa 3,60 Metern und war damit das größte Rüsseltier am Ur-Rhein. Das riesige Rüsseltier trug im Unterkiefer zwei nach unten gerichtete hakenförmig gekrümmte Stoßzähne, die ihm den Namen „Hauer-Elefant" bescherten. Mit den Stoßzähnen konnte das Tier vermutlich große Bäume umreißen, um an Blattnahrung zu gelangen. Die weit auseinander stehenden Querjoche der

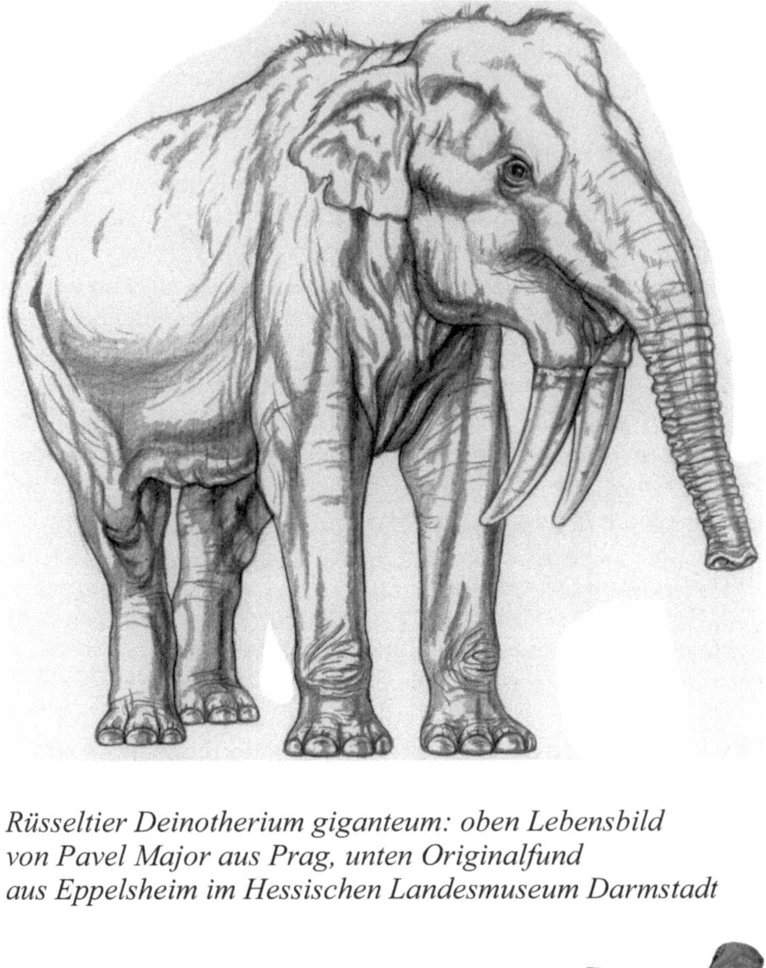

Rüsseltier Deinotherium giganteum: oben Lebensbild
von Pavel Major aus Prag, unten Originalfund
aus Eppelsheim im Hessischen Landesmuseum Darmstadt

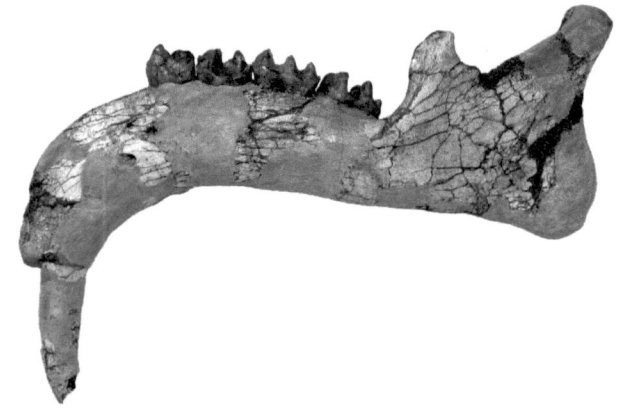

Backenzähne lassen darauf schließen, dass das *Deinotherium* vor allem weiches Laub gefressen hat. Zu seiner Nahrung gehörten saftige Blätter, Früchte und Zweige. Weil *Deinotherium* zuerst in Rheinhessen entdeckt wurde, nennt man das Tier auch Rhein-Elefant. Zähne von *Deinotherium* sind in den Ablagerungen des Ur-Rheins in Rheinhessen so häufig gefunden worden, dass man diese Dinotheriensande nennt. Funde liegen aus Westhofen, Eppelsheim, Esselborn, Gau-Weinheim und vom Wissberg bei Gau-Weinheim vor.

Deinotherium levius
Deinotherium levius wurde 1861 von dem französischen Arzt Claude Jourdan (1803–1873) aus Lyon beschrieben. Jourdan war der Gründer und Direktor des Musée d'Histoire Naturelle de Lyon. Die Backenzähne von *Dinotherium levius* ähneln denen von *Prodeinotherium bavaricum*, sind aber etwas größer. In der Literatur heißt es, *Deinotherium levius* sei identisch mit *Deinotherium giganteum*. Reste von *Deinotherium levius* wurden in Eppelsheim, Esselborn und in Gau-Weinheim geborgen.

Gomphotherium angustidens
Gomphotherium angustidens wurde 1806 von dem französischen Paläontologen Georges Cuvier (1769–1832) aus Paris beschrieben. Das Rüsseltier *Gomphotherium* hatte eine Schulterhöhe von bis zu 2,50 Metern. Sein Schädel war im Vergleich zu heutigen Elefanten länglicher und niedriger. Anders als heutige Elefanten trug *Gomphotherium* vier Stoßzähne. *Gomphotherium angustidens* ist in Rheinhessen durch Fossilien aus Eppelsheim, Esselborn und vom Wissberg bei Gau-Weinheim nachgewiesen. Diese Art gehört zur Vorfahrengruppe der heutigen Elefanten, der Mastodonten.
Als einzigartig in Europa gilt der ungefähr zehn Millionen Jahre alte Fund eines *Gomphotherium* aff. *steinheimense*, der 1971 dem Münchner Sportangler Heinz Kretschmann am linken Ufer des Inns von Gweng bei Mühldorf in Oberbayern glückte. Die-

Rüsseltier Gomphotherium angustidens

Rüsseltier Tetralophodon longirostris

ses Fossil erhielt später die Namen „Mühldorfer Ur-Elefant" und „Münchner Mastodon". Nach der Bergung und Präparation wurde dieses *Gomphotherium* in der Bayerischen Staatssammlung für Paläontologie und Historische Geologie in München ausgestellt. Die Rekonstruktion dieses männlichen, im Alter von ca. 50 Jahren gestorbenen Gomphotheriums erreicht mit etwa drei Metern Schulterhöhe nicht ganz die Größe des heutigen Afrikanischen Elefanten. Der Schädel des „Münchner Mastodon" wirkt im Vergleich zu dem des Afrikanischen Elefanten ausgesprochen lang gestreckt. Sein Unterkiefer misst etwa 1,30 Meter, mit Stoßzähnen wohl um 1,60 Meter.

Jeweils ein Stoßzahn von *Gomphotherium* wurde in den 1960-er Jahren in Mettmach im Innviertel am Rand des Kobernaußerwaldes in Oberösterreich und 1990 im Braunkohlen-Tagebau Hambach im Rheinland entdeckt.

Tetralophodon longirostris

Tetralophodon longirostris wurde 1832 von dem Darmstädter Paläontologen Johann Jakob Kaup nach einem Fund aus den Dinotheriensanden bei Eppelsheim beschrieben. Der Gattungsname *Tetralophodon* beruht darauf, dass die ersten und zweiten Backenzähne in jeder Kieferhälfte dieses Rüsseltieres vier Querjoche besitzen. *Tetralophodon* trug vier Stoßzähne, von denen die beiden im Oberkiefer merklich länger als die zwei im Unterkiefer waren. Ostern 1906 grub der Darmstädter Paläontologe Oscar Haupt (1878–1949) in einer Sandgrube im Gewann „Im Kraft" bei Esselborn aus den Dinotheriensanden ein zerfallenes Teilskelett von *Tetralophodon longirostris* aus. Laut Fundbericht waren Teile des Schädels, Unterkiefer im Verband, Halswirbel, Schulterblatt, Unter- und Oberarm, Mittelhandknochen, Rückenwirbel, Rippen, Ober- und Unterschenkel vorhanden. Nur etwa 1 bis 1,20 Meter entfernt lag der fast vollständig erhaltene Hinterfuß. Das Becken fehlt vollständig. Schädelfragment, Unterkiefer und Halswirbel waren von einem verkieselten Baumstamm bedeckt, der einen Meter lang und 20

Zentimeter dick war. Fundorte von *Tetralophodon longirostris* sind außer Esselborn auch Westhofen, Eppelsheim, Gau-Weinheim und der Wissberg bei Gau-Weinheim.

Stegotetrabelodon gigantorostris

Stegotetrabelodon gigantorostris wurde 1922 von dem Rostocker Paläontologen Hans Klähn (1884–1933) beschrieben. Als Typuslokalität und einziger Fundort gilt Kahlig bei Bermersheim in Rheinhessen. Von dort liegt aus den Dinotheriensanden ein bis auf den rechten Stoßzahn vollständig erhaltener Unterkiefer von *Stegotetrabelodon gigantorostris* vor. Die Gattung *Stegotetrabelodon* ist nur aus Afrika sicher nachgewiesen. Ihr Vorkommen in Europa und Asien gilt als zweifelhaft, weil unklar ist, ob *Stegotetrabelodon gigantorostris* tatsächlich zur Gattung *Stegotetrabelodon* gehört. *Stegotetrabelodon* lebte in Afrika vom späten Miozän bis zum mittleren Pliozän. Vermutlich trug *Stegotetrabelodon gigantorostris* vier Stoßzähne. Sicher nachgewiesen sind aber nur die zwei unteren. Es ist noch kein Schädel dieses Rüsseltieres in den Dinotheriensanden von Rheinhessen gefunden worden. Weil man noch keine Skelettreste fand, kennt man auch die Schulterhöhe nicht. Gemessen an den Backenzähnen muss diese Art aber deutlich größer als *Gomphotherium angustidens* gewesen sein. Die ziemlich großen Backenzähne M3 werden von manchen Paläontologen als wichtiges Merkmal für diese Art betrachtet. Andere Experten dagegen interpretieren die Größe dieser Zähne als Sexualdimorphismus innerhalb der Art *Tetrabelodon longirostris*. Wenn dies zuträfe, würden die ziemlich großen Backenzähne M3 von männlichen Tieren stammen. Die Gültigkeit der Art *Stegotetrabelodon gigantorostris* ist sehr umstritten. Sie wird von zahlreichen Paläontologen als identisch mit *Tetralophodon longirostris* betrachtet. Andere Fachleute dagegen sehen sie als eigenständige Art an. Auch die Zugehörigkeit zur Gattung *Stegotetrabelodon* gilt als unsicher, weshalb man in der Literatur auch öfter *Tetralophodon gigantorostris* lesen kann.

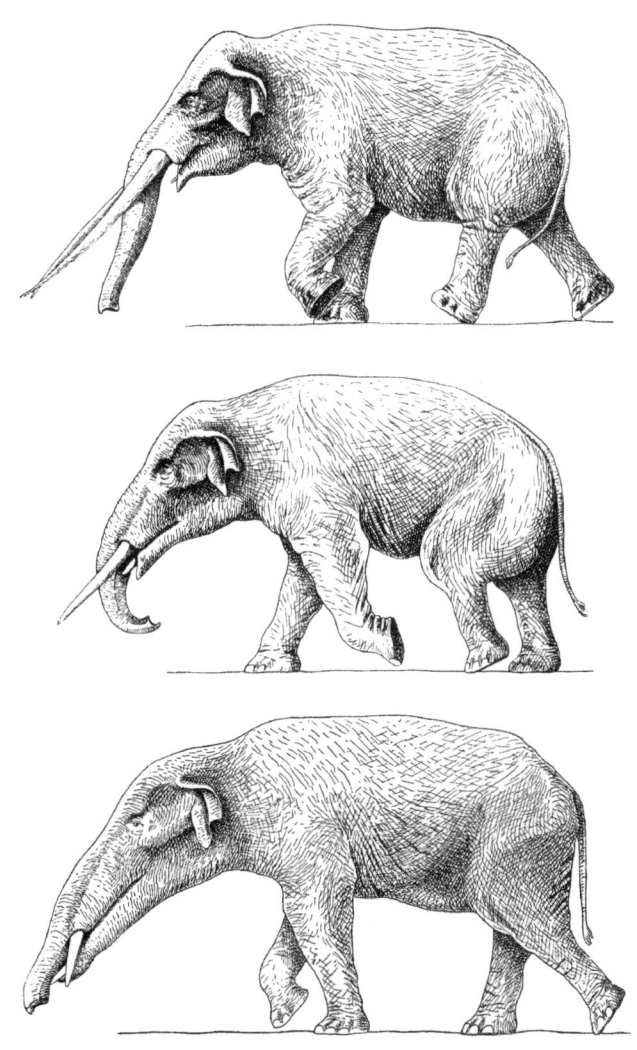

*Rekonstruktionen von Mastodonten
aus dem Buch
„Lebensbilder aus der Tierwelt der Vorzeit" (1921)
von Othenio Abel (1875–1946)*

Macrotherium: Rekonstruktion von Othenio Abel 1920

*Édouard Lartet
(1801–1871)*

*Georg August Goldfuß
(1782–1848)*

Das Huftier mit Krallenfüßen

Eines der seltsamsten Säugetiere, das je in Deutschland gelebt hat, ist das krallenfüßige Huftier *Chalicotherium goldfussi*. Dass dieses Tier vor etwa zehn Millionen Jahren auch in Rheinhessen existierte, bewies eine unscheinbare Kralle, die der Darmstädter Paläontologe Johann Jakob Kaup in der Sandgrube im Gewann „Jörgenbauer" bei Eppelsheim entdeckte.

Kaup gab 1833 bei der ersten Beschreibung von *Chalicotherium* keinen Hinweis, worauf dieser Gattungsname beruht. Vielleicht bedeutet er „Tier aus dem Kies" oder „Tier aus dem Kalk" (griechisch: chalyx = Kalk, Kies, lateinisch: calx = Kalkstein). Mit dem Artnamen *goldfussi* ehrte er den Bonner Paläontologen Georg August Goldfuß (1782–1848).

Statt des Gattungsnamens *Chalicotherium* findet man in älterer Literatur vielfach auch den 1837 von dem französischen Rechtsanwalt und Prähistoriker Édouard Lartet (1801–1871) aus Paris eingeführten Namen *Macrotherium* (griechisch: makros = groß, therion = (wildes) Tier). Dieser Begriff hat sich aber nicht durchgesetzt.

Kaup betrachtete die Kralle zunächst als Rest des schon bekannten „Schreckenstieres" (*Deinotherium giganteum*), 1841 aber als Teil eines Riesenschuppentieres (Manidae), das sich von Ameisen ernährte. Tatsächlich handelte es sich aber, wie spätere Funde zeigten, um ein Tier, das wie eine Mischung zwischen Pferd und Faultier ausgesehen haben könnte. Anstelle von Hufen lief es auf Krallenfüßen.

Solche krallenfüßigen Huftiere werden in der Familie der Chalicotheriidae zusammengefasst. Diese bestand aus zwei Stammeslinien. Die erste Linie sind die Chalicotheriinen, de-

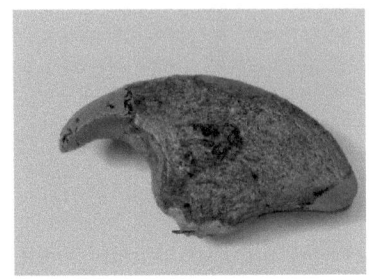

Kralle der Hand des krallenfüßigen Huftieres (Chalicotherium goldfussi) von beiden Seiten (Bilder oben und Mitte) und in Aufsicht auf die Gelenkfläche zur Kralle (Bild unten). Originale im Hessischen Landesmuseum Darmstadt

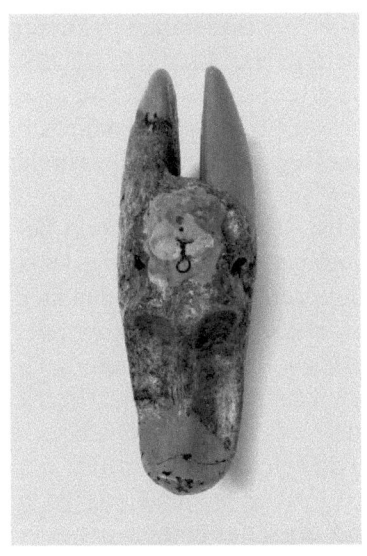

ren wichtigste Gattung das *Chalicotherium* war, das bei Eppelsheim und in anderen Gegenden existierte. In Europa starben sie gegen Ende des Miozäns aus. Vermutlich ist eine Veränderung der Umweltverhältnisse die Ursache. Die Chalicotheriinen erschienen im Miozän auch in Afrika. In Asien verschwanden sie in der Übergangszeit vom Pliozän zum Pleistozän (Plistozän). Nordamerika haben sie gar nicht erreicht.
Zur zweiten Linie der Chalicotheriidae werden die Schizotheriinen gerechnet, die auf krallentragenden Füßen vierbeinig gelaufen sind und sich nicht nach Art der Chalicotheriinen aufrichten konnten. Die Schizotheriinen behaupteten sich in Europa bis zum Ende des Miozän. Ein Zweig von ihnen erreichte jedoch im Miozän auch Nordamerika. In Afrika behaupteten sie sich bis zum Plistozän. Im europäischen und im asiatischen Russland sowie in China existierten sie bis in das Miozän. Schizotheriinen kennt man auch aus Deutschland.
Hätten die Ausgräber von den Chalicotheriidae stets nur Fußreste gefunden, so wäre vermutlich kaum jemand auf den Gedanken gekommen, dass die Krallen zu Huftieren gehörten. Doch das ebenfalls gefundene Gebiss und das Skelett ließen keine andere Deutung zu.
Wozu brauchte aber die Art *Chalicotherium goldfussi* von Eppelsheim die großen Krallen? Manche Forscher meinten, diese Tiere hätten in Dürrezeiten mit den Krallen Knollen, Pilze und Zwiebeln aus dem Boden geschart, wenn andere pflanzliche Nahrung nicht erreichbar war. Doch gegen diese Theorie sprach die Beschaffenheit der Mahlzähne, deren ungewöhnlich niedrige Kronen sich nur für das Verzehren von weichen Blättern, Knospen und Früchten eigneten. Bei härterer Nahrung wie Knollen, Zwiebeln, Wurzeln und Gräsern wären die Zähne der Chalicotherien sicher bald abgekaut gewesen.
Heute nimmt man an, dass diese vorzeitlichen Säugetiere Laub und Zweige von Sträuchern und Bäumen fraßen. Mit ihrer Körpergröße von fast drei Metern (bei aufgerichteter Haltung), den kurzen, kräftigen Hinterbeinen und den langen Vorderbeinen

Krallenfüßiges Huftier (Chalicotherium goldfussi)

müssen die Chalicotherien von Eppelsheim fähig gewesen sein, in den höheren Regionen der Vegetation zu äsen und mit der hakenförmigen Hand Äste herunterzuziehen.

Eine lebensnahe Rekonstruktion im Naturhistorischen Museum Basel – die erste ihrer Art auf der ganzen Welt – zeigt zwei nachgebildete Chalicotherien mit Haut und Haaren. Eines der Tiere steht hoch aufgerichtet da, lehnt sich mit den Vorderextremitäten an einen Baumstamm und frisst Blätter von den Zweigen. Das andere stützt sich mit seinen überlangen Händen am Boden auf. Viele Merkmale im Bau des Hinterhauptes, der Wirbelsäule und des Beckens weisen darauf hin, dass das *Chalicotherium* einst sowohl stehend als auch sitzend Laub in einer Höhe abäste, die anderen Pflanzenfressern dieser Zeit unzugänglich war.

Die riesigen Krallen an den langen Händen dürften womöglich auch wirksame Verteidigungswaffen dargestellt haben, wenn ein Raubtier angriff. Wegen der enormen Größe und der gefährlichen Krallen wird dies jedoch nur selten vorgekommen sein.

Das Aussterben der in Europa, Ostafrika und Asien vorkommenden Chalicotherien wird auf eine drastische Veränderung der Umweltverhältnisse zurückgeführt. Damals wichen die Wälder zurück, und es erschienen größere Raubtiere, vor allem aber neue Huftiere, wie die Giraffiden, die als Nahrungskonkurrenten auftraten. Giraffen gab es im jüngsten Miozän (zum Beispiel in Griechenland) sehr häufig. Sie kamen auch im Wiener Becken vor. In Deutschland hat man bisher keine Giraffenreste gefunden, doch man wird sie vermutlich noch nachweisen können. Die Fauna der Dinotheriensande von Eppelsheim stellt in ihrer Hauptmasse eine Waldfauna dar, die noch vor der erwähnten Klima- und Umweltveränderung existierte.

Funde von *Chalicotherium* kennt man außer bei Eppelsheim auch von Esselborn, vom Wissberg bei Gau-Weinheim und Wolfsheim in Rheinhessen, von Frohnstetten auf der Schwäbischen Alb, von Salmendingen, Melchingen und Neuhausen in den schwäbischen Bohnerzen sowie von Oggenhausen bei Heidenheim an der Brenz.

Die meisten Fossilien von Chalicotherien an einem einzigen Fundort sind nicht in Deutschland, sondern in einer Felsspalte bei Neudorf an der March (Tschechien) entdeckt worden. Dort fanden Ausgräber Reste – besonders Zähne – von nahezu 60 Chalicotherium-Individuen. Die rund 1500 Knochen und Zähne wurden von dem Wiener Paläontologen Helmuth Zapfe (1913–1996) untersucht. Seine Erkenntnisse und die anderer Forscher versetzten den Präparator und Dermoplastiker im Naturhistorischen Museum Basel, Daniel Oppliger, in die Lage, zwei Rekonstruktionen von *Chalicotherium* anzufertigen.

In Deutschland hat man auch Reste von vierbeinig laufenden Schizotheriinen entdeckt. Die Gattung *Schizotherium* ist aus Tutzing am Starnberger See und Ulm bekannt, die Gattung *Metaschizotherium* aus Steinheim am Albuch und Viehhausen bei Regensburg.

*Krallenfüßiges Huftier (Chalicotherium)
von Pikermi in Griechenland*

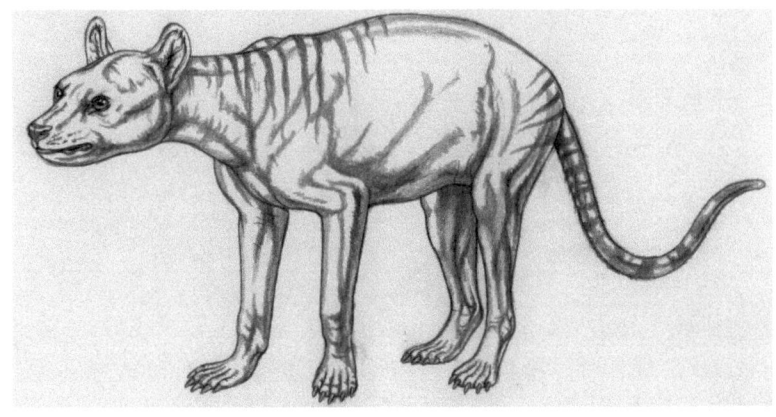

Bärenhund bzw. Hundebär (Amphicyon eppelsheimensis)

Die Bärenhunde
oder Hundebären

Vom Eozän vor etwa 50 Millionen Jahren bis zum Miozän vor rund 10 Millionen Jahren behaupteten sich in Nordamerika, Asien, Europa und Afrika die so genannten Amphicyonidae (auch Amphicyoniden genannt). Diesen wissenschaftlichen Begriff hat 1885 der französische Zoologe Édouard Trouessart (1842–1927) eingeführt.
Bei den Amphicyonidae handelt es sich um eine ausgestorbene Familie der Hundeartigen Raubtiere. Sie glichen äußerlich einer Mischung aus Bären und Hunden, weswegen man sie als Bärenhunde oder Hundebären bezeichnet. Die Form ihres Körpers erinnerte an Bären, die Form ihres Kopfes und die Anordnung ihrer Zähne dagegen an Bären. Diese Raubtiere traten – wie Bären und der Mensch – mit der ganzen Sohle auf (Sohlengänger) anstatt nur mit den Zehen (Zehengänger) wie die meisten Katzen.
Säugetierpaläontologen waren früher unsicher, ob man die Amphicyonidae eher zu den Hunden oder zu den Bären rechnen kann. Heute ordnet man die Amphicyonidae meistens einer eigenen Familie zu.
Im Miozän (etwa 23 bis 5 Millionen Jahre) entwickelten sich verschiedene Formen von Bärenhunden vom Allesfresser bis zum hochspezialisierten Fleischfresser. Als bekannteste Gattung der Bärenhunde im Miozän gilt *Amphicyon*. Sie ist auch aus den etwa zehn Millionen Jahre alten Ablagerungen des Ur-Rheins in Rheinhessen nachgewiesen.
In Deutschland war der Bärenhund *Amphicyon* im Miozän eines der größten Raubtiere. Männliche Tiere dieser Gattung waren bis zu zwei Meter lang und wogen schätzungsweise bis

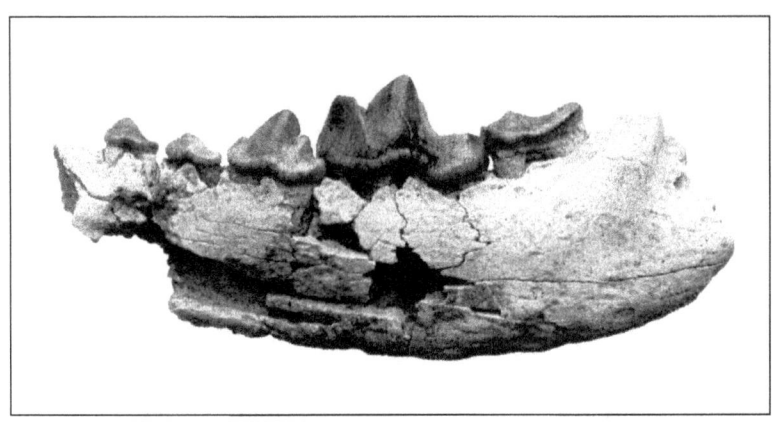

Unterkieferast des Katzenbären Simocyon diaphorus aus dem Gewann „Auf dem Alzeyer Weg" bei Eppelsheim. Original im Naturhistorischen Museum Mainz / Landessammlung für Naturkunde Rheinland-Pfalz

zu 300 Kilogramm. *Amphicyon* sah aus wie ein großer Bär, trug aber scharfe Zähne wie ein Wolf. Sein Hals war dick, seine kurzen Beine wirkten gedrungen und der Schwanz sah kräftig aus. Das weiß man aufgrund eines Skelettfundes dieser Gattung aus Südfrankreich.

Der Bärenhund *Amphicyon* lebte ähnlich wie ein heutiger Braunbär. Wie Letzterer fraß er Pflanzen (Beeren, Nüsse und andere Früchte) sowie Fleisch. Seine Beutetiere tötete er mit kräftigen Prankenschlägen. Mit seinen großen Muskelansatzstellen am Schädel und seinen kräftigen Reißzähnen konnte *Amphicyon* vermutlich sogar große Knochen zerbeißen.

Die aus den Dinotheriensanden bei Eppelsheim bekannte Art *Amphicyon eppelsheimensis* (früher *Amphicyon major eppelsheimensis* genannt) erreichte eine Gesamtlänge von ca. 1,90 Metern und eine Schulterhöhe von etwa 0,85 Meter. *Amphicyon eppelsheimensis* wurde 1930 von dem Darmstädter Paläontologen Karl Weitzel (1890–1949) beschrieben. Diese Art ist aus Eppelsheim, Gau-Weinheim und vom Wissberg bei Gau-Weinheim bekannt.

Ein weiterer Bärenhund namens *Agnotherium antiquum* aus Eppelsheim wurde bereits 1833 von dem Darmstädter Paläontologen Johann Jakob Kaup beschrieben. Ihm war bei der Namengebung bewusst, dass es sich um ein gefährliches Raubtier handelt. Der Gattungsname *Agnotherium* besteht nämlich aus den griechischen Wörtern „agnostos" (unbekannt) und „therion" (wildes Tier).

Reste von Bärenhunden kamen auch in anderen Gegenden Deutschlands zum Vorschein. Zum Beispiel im Raum von Mainz und Wiesbaden (Steinbrüche in Mainz-Weisenau, Budenheim bei Mainz, Mainz-Amöneburg im Stadtkreis Wiesbaden), Büchelberg in der Pfalz, Rott am Nordhang des Siebengebirges sowie im Tagebau Hambach im rheinischen Braunkohlenrevier.

Ein Zeitgenosse der Eppelsheimer Bärenhunde war das Raubtier *Simocyon diaphorus*, das 1832 von Johann Jakob Kaup

Rekonstruktion des Katzenbären Simocyon diaphorus, der durch Funde aus der Gegend von Eppelsheim nachgewiesen ist. Dieses fleischfressende Raubtier gilt als Vorfahre des in Asien vom Aussterben bedrohten Roten Panda (Ailurus fulgens).

beschrieben wurde. Der erste Fund dieser Art ging bedauerlicherweise im Zweiten Weltkrieg bei einem Bombenangriff am 27. Februar 1945 im Hessischen Landesmuseum Darmstadt verloren. Von diesem Fossil existiert nur noch ein Abguss im Natural History Museum in London.

Im Sommer 2005 kam bei Grabungen des Naturhistorischen Museums Mainz und der Landessammlung für Naturkunde Rheinland-Pfalz bei Eppelsheim ein weiterer Fund dieses Raubtieres ans Tageslicht. Dabei handelt es sich um einen linken Unterkieferast mitsamt Zähnen. Bei der wissenschaftlichen Untersuchung durch Paläontologen des Forschungsinstitutes Senckenberg in Frankfurt am Main unter Federführung von Ottmar Kullmer wurde der Fund als Raubtier der Art *Simocyon diaphorus* identifiziert.

Der seltene Fund vom Sommer 2005 ist weltweit das einzige Original-Belegstück für die Existenz dieser Art und gibt Auskunft über die frühe Entwicklungsphase der Katzenbären. Das bemerkenswerte Fossil wird im Naturhistorischen Museum Mainz aufbewahrt.

Der kräftige Brechzahn des Gebisses weist *Simocyon diaphorus* als fleischfressendes Raubtier aus. Seine zermahlenden Zähne liefern aber auch Hinweise auf Pflanzennahrung. *Simocyon diaphorus* gilt als Katzenbär und Vorfahre des in Asien vom Aussterben bedrohten Roten Panda (*Ailurus fulgens*).

Der Rote Panda (auch Kleiner Panda genannt) lebt heute im östlichen Himalaja von Nepal bis Myanmar sowie in China im Bergland von Yunnan und Sichuan. Sein chinesischer Name Hun-hu bedeutet „Feuerfuchs" und beruht auf der vorwiegend roten Färbung des Tieres.

Lange Zeit war die systematische Zuordnung des Roten Panda ungeklärt. Er gehört zwar zu den Raubtieren, aber sein Gebiss lässt auch deutliche Anpassungen an Pflanzennahrung erkennen. Heute gilt er als einziger Angehöriger der so genannten Katzenbären.

Säbelzahnkatze Machairodus aphanistus

Säbelzahnkatzen am Ur-Rhein

Die Landschaft am Ufer des Ur-Rheins in Rheinhessen war einst das Jagdrevier von räuberischen Säbelkatzen. Daran lassen Funde aus den etwa zehn Millionen Jahre alten Ablagerungen des Ur-Rheins bei Eppelsheim und aus den rund 8,5 Millionen Jahre alten Schichten des Ur-Rheins oder einem seiner Nebenflüsse bei Dorn-Dürkheim keine Zweifel aufkommen.
Säbelzahnkatzen werden oft als Säbelzahntiger bezeichnet, obwohl sie mit dem heutigen Tiger nicht näher verwandt sind. Auch der Begriff Säbelzahnkatzen ist umstritten, weil er falsche Vorstellungen über die Eckzähne weckt. Der für Formen mit dolchzahnartigen Eckzähnen vorgeschlagene Name Dolchzahnkatzen (dirk-toothed cats) klingt für Laien ungewohnt.
Die in den Dinotheriensanden nachgewiesenen Säbelzahnkatzen hatten teilweise etwa die Größe heutiger Löwen oder Pumas. Doch sie wirkten viel muskulöser als diese Raubkatzen. Außerdem sahen sie mit ihren beiden langen oberen Eckzähnen (Fangzähnen) furchterregend aus. In der Literatur werden Säbelzahnkatzen als Aasfresser oder Jäger geschildert.
Ein Teil der Experten glaubt, die kräftigen Säbelzahnkatzen hätten mit flinken Raubkatzen, die ihre Beute über längere Distanz verfolgen und einholen können, wenig gemein gehabt. Sie seien so spezialisiert gewesen, dass sie keine Beutetiere in offener Landschaft stellen und töten konnten. Für Verfolgungsjagden, wie sie Tiger, Löwen oder Leoparden betreiben, wären die kurzen Unterschenkelknochen der Säbelzahnkatzen nicht geeignet gewesen. Deswegen seien Säbelzahnkatzen Aasfresser gewesen. Ihre krummsäbeligen Eckzähne hätten wie „Brieföffner" beim Aufschlitzen von Kadavern funktioniert.

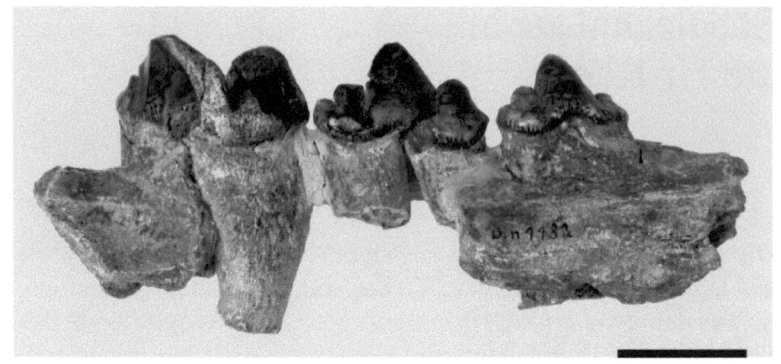

Fragment eines linken Unterkiefers der Säbelzahnkatze Machairodus aphanistus. Typusexemplar aus Eppelsheim. Original im Hessischen Landesmuseum Darmstadt. Maßstrich rechts unten: 2 cm

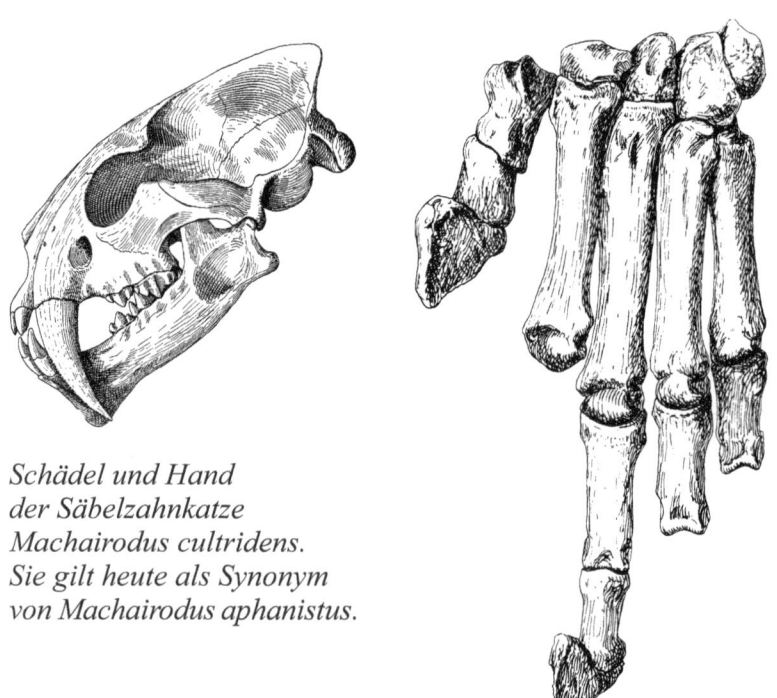

Schädel und Hand der Säbelzahnkatze Machairodus cultridens. Sie gilt heute als Synonym von Machairodus aphanistus.

Andere Fachleute dagegen meinen, die Säbelzahnkatzen seien agile Jäger gewesen. Sie hätten potentielle Beutetiere rasch über kurze Strecken gescheucht und nicht einfach angesprungen.
Machairodus aphanistus und *Paramachairodus ogygius* aus den Dinotheriensanden in Rheinhessen gehören zur Unterfamilie der Säbelzahnkatzen (Machairodontinae). Säbelzahnkatzen lebten vom Mittelmiozän vor ca. 15 Millionen Jahren bis zum Ende des Eiszeitalters (Pleistozän) vor etwa 10.000 Jahren.
Machairodus wird zum Stamm der Homotheriini gerechnet, welche außerdem die Gattungen *Homotherium* und *Xenosmilus* umfasst. *Paramachairodus* dagegen zählt wie die Gattungen *Megantereon* und *Smilodon* zum Stamm der Smilodontini. Die größte Art der Gattung *Smilodon* aus Südamerika erreichte eine Schulterhöhe von etwa 1,20 Metern und trug bis zu 28 Zentimeter lange Eckzähne.
Der Darmstädter Paläontologe Johann Jakob Kaup hat 1832 die Säbelzahnkatzen *Machairodus aphanistus, Machairodus cultridens* und *Paramachairodus ogygius* aus den Dinotheriensanden bei Eppelsheim erstmals beschrieben. *Machairodus aphanistus* kennt man auch als Melchingen, heute ein Stadtteil von Burladingen (Zollernalbkreis) in Baden-Württemberg. Mit *Machairodus aphanistus* identisch ist – wie man heute weiß – *Machairodus cultridens*. *Paramachairodus ogygius* ist auch aus Esselborn und am Wissberg bei Gau-Weinheim (beide in Rheinhessen) nachgewiesen. Der von Kaup auf die Eckzähne im Oberkiefer begründete Gattungsname *Machairodus* beruht auf dem griechischen Wort machaira (= altgriechisches Schlachtmesser, Schwert in Form eines starken dolchartigen Messers) und dem Begriff odon (Nebenform von odoús = Zahn). Die Abkürzung „sp." oder „spec." hinter einem Gattungsnamen bedeutet, dass der Artname (species) nicht bekannt ist.
Für die Gattung *Machairodus* sind lange, dolchartige Eckzähne mit fein gezähnelten Kanten charakteristisch. Diese Kanten nutzten sich bereits innerhalb weniger Jahre ab. Im Gegensatz zur später auftretenden Säbelzahnkatze *Smilodon* trug *Machai-*

rodus kürzere Eckzähne, die aber länger waren als bei heutigen Raubkatzen.

Die Säbelzahnkatze *Machairodus aphanistus* von Eppelsheim erreichte vermutlich eine Schulterhöhe von etwa einem Meter. Für Funde von *Machairodus aphanistus* aus Spanien wurde ein Gewicht bis zu rund 240 Kilogramm errechnet.

Laut Online-Lexikon „Wikipedia" kann man innerhalb der Gattung *Machairodus* zwei Grundtypen unterscheiden:

1. Einen eher primitiven Typ wie *Machairodus aphanistus*, der in weiten Teilen Eurasiens nachgewiesen ist und in Nordamerika unter dem Namen *Nimravides catacopsis* beschrieben wurde. Dieser Typ besaß einen typischen Katzenkörper.

2. Einen weiter entwickelten Typ, zu der die europäische Art *Machairodus giganteus* und die ähnliche nordamerikanische Art *Machairodus coloradensis* gehörten. Bei diesem Typ hatten sich verlängerte Vordergliedmaßen herausgebildet, deren Struktur eher hyänenartig wirkte. Außerdem waren bei diesen Formen die Zähne stärker abgeflacht.

Die Gattung *Paramachairodus* war lange Zeit nur durch wenige Knochen- und Zahnfragmente bekannt. Doch dann fand man ab 1991 an der spanischen Fundstelle Cerro Batallones bei Madrid erstaunlich viele Fossilien der pumagroßen Art *Paramachairodus ogygius*. Sie stammen von ingesamt 18 Tieren, von denen 17 erwachsen und eines jugendlich waren. Man konnte dort sogar komplette Schädel bergen.

Die in Cerro Batallones nachgewiesene Art *Paramachairodus ogygius* erreichte eine Schulterhöhe von 58 Zentimetern, eine Kopfrumpflänge von nicht ganz 1,20 Meter und ein Gewicht zwischen etwa 28 und 65 Kilogramm. Sie soll ein Einzelgänger gewesen sein. Männchen und Weibchen unterschieden sich nur geringfügig in der Größe, was auf ein gewisses Maß an Toleranz zwischen den erwachsenen Tieren schließen lässt. Diese Säbelzahnkatzen-Art konnte große Beutetiere erlegen. Die Form ihrer Gliedmaßen deutet darauf hin, dass sie ein agiler Kletterer war und große Beutetiere jagen konnte.

Säbelzahnkatzen lebten im Obermiozän vor etwa 8,5 Millionen Jahren auch in der Gegend von Dorn-Dürkheim in Rheinhessen. Dort sind die Säbelzahnkatzen *Paramachairodus orientalis, Paramachairodus ogygius* und *Machairodus* cf. *aphanistus* durch Funde nachgewiesen, die der Frankfurter Paläontologe Michael Morlo identifizierte. *Paramachairodus orientalis* wurde 1887 von dem Wiener Paläontologen Ernst Kittl (1854–1913) anhand eines Fundes aus Maragha in Persien erstmals beschrieben.

Rekonstruktion der Säbelzahnkatze Machairodus von 1902

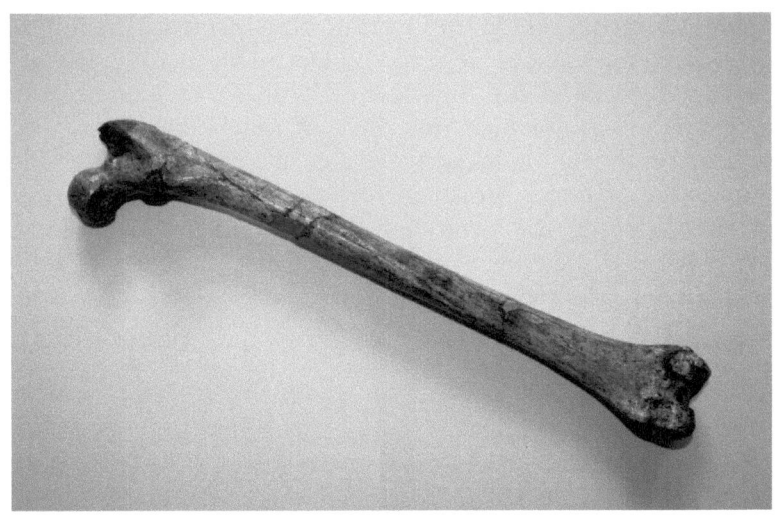

Etwa 28 Zentimeter langer Oberschenkelknochen des gibbonähnlichen Menschenaffen Paidopithex rhenanus vom Gewann „Jörgenbauer" bei Eppelsheim in Rheinhessen. Original im Hessischen Landesmuseum Darmstadt

Kleiner Menschenaffe Paidopithex rhenanus

Umstrittene Menschenaffen

Zwei Fundstellen mit rund zehn Millionen Jahre alten Ablagerungen des Ur-Rheins in Rheinhessen sind mit viel diskutierten Menschenaffen-Funden in die Annalen der Anthropologie (Lehre vom Menschen) eingegangen. Eine dieser beiden Fundstellen ist Eppelsheim im Kreis Alzey-Worms. Bei der anderen Lokalität handelt es sich um den Wissberg bei Gau-Weinheim im Kreis Mainz-Bingen.
1820 kam in den Dinotheriensanden bei Eppelsheim ein etwa 28 Zentimeter langer Knochen ans Tageslicht, der zweifellos zu den wissenschaftlich wertvollsten Funden von dort gehört. Denn bei diesem so genannten „Eppelsheimer Femur" (Oberschenkelknochen) handelt es sich um den weltweit historisch ersten Fund eines Menschenaffen. Die sensationelle Entdeckung glückte in Deutschland und nicht etwa in Afrika oder Asien.
Ernst Schleiermacher (1755–1844), der Direktor des „Großherzoglichen Naturalien-Cabinets" in Darmstadt und Chef des Paläontologen Johann Jakob Kaup (1803–1873), hat die wahre Natur dieses Fundes nicht erkannt. Er deutete das Fossil als Oberschenkelknochen eines zwölfjährigen Mädchens. Kurz nach der Entdeckung schickte er Georges Cuvier (1769–1832), der als Begründer der Wirbeltierpaläontologie gilt, einen Gipsabguss mit Zeichnung und der Bitte um Begutachtung zu.
Der Pariser Gelehrte Cuvier gab Schleiermacher aber keine Antwort. Er und viele seiner Kollegen glaubten nicht an die Evolution. Cuvier vertrat die irrige Auffassung, alle Organismen seien in ihrem Bau so fein abgestimmt, dass jede Veränderung, die über normale Variabilität hinausgegangen wäre, zu ihrem

Tod geführt hätte. Die Lebewelt sei nach Katastrophen jeweils wieder von außen eingewandert. „Der Eppelsheimer Fund drohte somit das Weltbild einer ganzen Biologen-Generation zu erschüttern", schrieb der Paläontologe Jens Lorenz Franzen im Jahre 2000.

Kaup bildete den Oberschenkelknochen aus Eppelsheim erst 1861 in einer Publikation ab. Dabei erwähnte er die Ähnlichkeit des Eppelsheimer Fundes und des Oberarmknochens (Humerus) eines fossilen Menschenaffen aus Saint Gaudens (Departement Haute Garonne) in Frankreich mit dem heutigen Gibbon (*Hylobates*). Der Rechtsanwalt und Prähistoriker Édouard Lartet (1801–1871) aus Paris hatte 1856 die Funde aus Saint Gaudens als *Dryopithecus fontani* beschrieben. Mit dem Artnamen *fontani* ehrte er den Entdecker.

Bei seinem Vergleich des Eppelsheimer Oberschenkelknochens mit dem Gibbon wurde Kaup von dem Londoner Paläontologen Richard Owen (1804–1892) unterstützt. Owen ordnete den Eppelsheimer Fund der Art *Hylobates fontani* zu. Der Bonner Paläontologe Hans Pohlig (1855–1937) prägte 1895 im „Bulletin de la Societé Belge de Géologie" den Namen *Paidopithex rhenanus* (griechisch: pais, paidos = Kind, pithekos = Affe). In derselben Publikation verglich der niederländische Anatom Eugène Dubois (1858–1940) den Fund aus Eppelsheim mit seinem 1892 auf Java entdeckten Oberschenkelknochen von *Pithecanthropus* („Affenmensch"). Dubois verwies ebenfalls auf die große Ähnlichkeit mit dem heutigen Gibbon und schlug den Artnamen *Pliohylobates eppelsheimensis* vor.

1901 beschrieb der Münchner Paläontologe Max Schlosser (1854–1933) den Oberschenkelknochen aus Eppelsheim und die in süddeutschen Bohnerzen geborgenen Backenzähne als *Dryopithecus rhenanus*. Heute wird der Eppelsheimer Oberschenkelknochen von einem Teil der Experten als Angehöriger der gibbonähnlichen Pliopitheciden betrachtet – als so genannter niederer Menschenaffe oder als Altweltaffe. Er trägt den von Pohlig geprägten Artnamen *Paidopithex rhenanus*.

Worum es sich bei dem Oberschenkelknochen aus Eppelsheim tatsächlich handelt, ist aber immer noch umstritten. Denn man kennt nur sehr wenige Funde, mit denen er verglichen werden kann. Genau genommen gibt es nur zwei Möglichkeiten:
1. Der Eppelsheimer Oberschenkelknochen könnte von einem relativ nahen Verwandten des Menschen und der Großen Menschenaffen namens *Dryopithecus* stammen.
2. Der Eppelsheimer Oberschenkelknochen könnte von einem viel weniger mit Menschen und Großen Menschenaffen verwandten großwüchsigen *Pliopithecus* stammen. Dessen Gruppe hat sich bereits vor etwa 30 Millionen Jahren von der Gruppe der Altweltaffen abgespalten. Der Name *Pliopithecus* fußt darauf, dass man früher annahm, dieser Affe stamme aus dem Pliozän (etwa 5 bis 2 Millionen Jahre).
Viele Experten gingen früher davon aus, dass der Eppelsheimer Oberschenkelknochen eher einem *Dryopithecus* ähnelt. Doch der Vergleich wurde dadurch erschwert, dass lange Zeit kein Oberschenkelknochen von *Dryopithecus* vorlag. Erst seit Anfang der 1990-er Jahre kennt man ein Skelett von *Dryopithecus* aus Can Llobateres in Spanien, dessen Oberschenkelknochen ganz anders beschaffen ist als derjenige aus Eppelsheim. Aus diesem Grund gilt als plausible Hypothese, dass es sich bei dem Fund aus Eppelsheim um einen Pliopitheciden – vermutlich der Gattung *Anapithecus* aus Rudabanya in Ungarn – handelt. Dagegen spricht auch die Körpergröße nicht.
Gegen diese Hypothese wandten sich 2002 die Experten Meike Köhler, David M. Alba und Salvador Moyà Solà aus Sabadell (Spanien) sowie die Anthropologin Laura MacLatchy aus Boston (USA). Sie argumentierten, aus Rudabanya seien zwei Oberschenkelknochen bekannt, die beide *Paidopithex rhenanus* nicht ähnlich seien.
Auch die Ausführungen von Meike Köhler und Kollegen finden in der Fachwelt jedoch nicht nur Zustimmung. So weist der kanadische Anthropologe David Begun aus Toronto, der Ausgräber in Rudabanya, darauf hin, dass die beiden Ober-

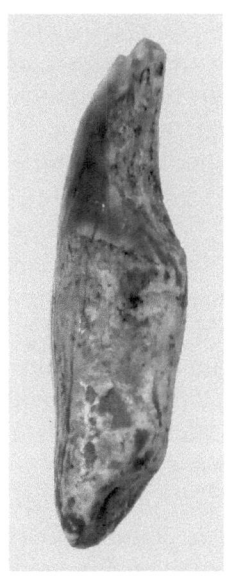 

Unterschiedliche Ansichten des oberen linken Eckzahns des Menschenaffen Rhenopithecus eppelsheimensis aus den Dinotheriensanden bei Eppelsheim. Original im Hessischen Landesmuseum Darmstadt

Oskar Haupt (1878–1939)

G. H. R. von Koenigswald (1902–1982)

schenkelknochen aus Ungarn nicht von *Anapithecus*, sondern von *Dryopithecus brancoi* stammen.

Reste von *Anapithecus* kamen an einigen Fundstellen zum Vorschein, doch am meisten weiß man über diese Gattung durch die Funde aus Rudabanya. Dort wurden auch einige Skelettreste von *Anapithecus* geborgen, die auf ein Gewicht von etwa 20 bis 25 Kilogramm hindeuten. Die Finger von *Anapithecus* sind lang und gekrümmt, was für eine baumbewohnende Lebensweise spricht. David Begun vermutet, es könne sich um Hangler, vergleichbar mit heutigen Gibbons, gehandelt haben. Hauptnahrung von *Anapithecus* könnten sowohl Blätter als auch weiche Früchte gewesen sein.

Ein anderer Menschenaffe aus Rheinhessen ist der etwa schimpansengroße *Rhenopithecus eppelsheimensis*. Er wurde 1935 von dem Darmstädter Paläontologen Oskar Haupt (1878–1939) beschrieben und benannt. Ihm hatte ein 2,7 Zentimeter langer oberer linker Eckzahn eines männlichen Tieres aus den Dinotheriensanden bei Eppelsheim vorgelegen. Haupt schlug damals den Artnamen *Semnopithecus eppelsheimenis* vor. Der Gattungsname *Semnopithecus* erinnert daran, dass Affen den Hindus heilig sind (griechisch: semnos = verehrungswürdig, heilig, pithekos = Affe).

1954 bezeichnete der Basler Paläontologe Johannes Hürzeler (1908–1995) diesen Eppelsheimer Menschenaffen-Eckzahn als *Pliopithecus eppelsheimensis*. Damit bezog er sich auf ähnliche Funde, die unter dem Gattungsnamen *Pliopithecus* bereits 1849 von dem französischen Säugetierpaläontologen Paul Gervais (1816–1878) von der südfranzösischen Lokalität Sansan beschrieben worden waren.

Der Paläontologe Gustav Heinrich Ralph von Koenigswald (1902–1982) dagegen trennte 1956 jenen Menschenaffen-Eckzahn aus Eppelsheim sowie einen Backenzahn vom Wissberg bei Gau-Weinheim unter dem neuen Gattungsnamen *Rhenopithecus* von *Pliopithecus* ab. Koenigswald hatte damals neben dem Eckzahn aus Eppelsheim auch zwei Backenzähne vom

Großer Menschenaffe Dryopithecus

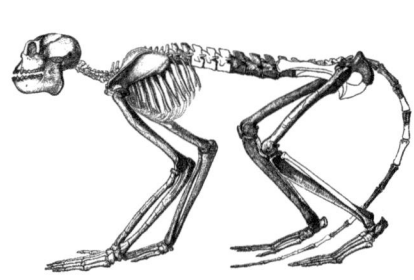

Affe Mesopithecus pentelici

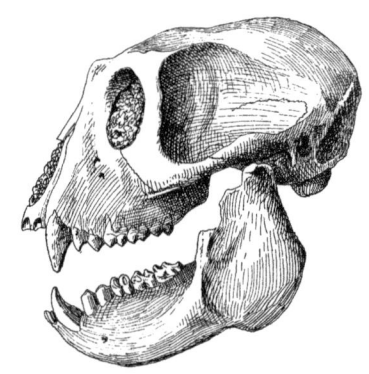

Wissberg aus der Primatensammlung des Münchner Arztes Erhard Otto Schoch untersucht. Der zweite Backenzahn vom Wissberg war schlecht bestimmbar. Wenn *Rhenopithecus* tatsächlich so groß war wie heutige Schimpansen, erreichte er eine Kopfrumpflänge bis zu 95 Zentimeter. Erwachsene Männchen könnten bis zu 70 Kilogramm gewogen haben.

Ein weiterer Menschenaffen-Fund glückte im Jahre 2000 bei einer Grabung des Frankfurter Forschungsinstituts Senckenberg im Gewann „Auf dem Alzeyer Weg" bei Eppelsheim. Dabei handelt es sich um das etwa 1,5 Zentimeter lange Bruchstück eines Fingerknochens, das nach Ansicht des Paläontologen Jens Lorenz Franzen sowie seiner Ko-Autoren Ottmar Kullmer (Frankfurt am Main) und Jeremy Tausch (New York) von einem Dryopithecinen (*Dryopithecus* sp.) stammt. Eine detaillierte Beschreibung des Fingerknochens war zum Zeitpunkt der Recherchen für dieses Taschenbuch zum Druck eingereicht.

Der Name *Dryopithecus* fußt darauf, dass ein anderer Fund dieses Menschenaffen (*Dryopithecus fontani*) bei Saint Gaudens in Frankreich 1856 zusammen mit Resten von Eichen geborgen wurde (griechisch: drys = Eiche, pithekos = Affe). Die unteren Backenzähne von Dryopithecinen weisen ein typisches Furchenmuster auf. Auf ihren Kauflächen sind zwischen fünf Höckern Rillen in Form eines „Y" ausgebildet, Dieses so genannte Dryopithecus-Muster erscheint nur bei Vertretern der Überfamilie Hominoidea, die Menschenaffen und Menschen (auch Hominidae oder Hominiden genannt) zusammenfasst, also auch bei heutigen Menschen.

In älteren Faunenlisten über die bei Eppelsheim entdeckten Säugetierarten ist mitunter der Affe *Mesopithecus pentelici* erwähnt. Diese Art wurde 1839 von dem Münchner Paläontologen Andreas Wagner (1797–1861) nach Kieferresten aus Pikermi in Griechenland beschrieben. Doch *Mesopithecus* ist bei Eppelsheim nie gefunden worden. Das wäre auch überraschend gewesen, weil die Eppelsheimer Flora, in der kleinwüchsige Hirsche, Rüsseltiere (*Deinotherium*), krallenfüßige

Huftiere *(Chalicotherium)*, Schweine, Bären und dreihufige Ur-Pferde (*Hippotherium primigenium*) lebten, ein typisches Waldbiotop verkörperte. Dort würde der Affe *Mesopithecus* als Bewohner offener Landschaften etwas deplatziert wirken, meint der Paläontologe Jens Lorenz Franzen.

In den späten 1930-er Jahren erregte ein Zahnfund vom Wissberg bei Gau-Weinheim, der über einer Schicht mit Menschenaffen-Zähnen zum Vorschein kam, für Aufsehen. Der Heidelberger Paläontologe Wilhelm Freudenberg (1881–1960) glaubte 1938 allen Ernstes, dieser Zahn stamme von einem Riesenmenschen aus der Tertiärzeit vor etwa zehn Millionen Jahren. Er nannte ihn *Gigantanthropus* (griechisch: gigas, gigantos = Riese, anthropos = Mensch).

Dieser Zahn war vom Naturhistorischen Museum Mainz erworben und zur wissenschaftlichen Untersuchung an das Großherzogliche Museum in Darmstadt weitergegeben worden, dessen Leiter den Fund Freudenberg zeigte. Bei Nachforschungen über die Herkunft des Fossils in Gau-Weinheim legte Freudenberg eine Skizze des Zahns vor, auf welcher der Jugendliche Heinrich Schertel aus Gau-Weinheim den Fund sofort wieder erkannte.

Der Zahn mit langer Wurzel und auffällig blauem Schmelz war auch den Eltern des Jungen aufgefallen. Sie hatten – vermutlich im Frühjahr 1931 – nach der Arbeit in ihrer Sandgrube am Wissberg bei Gau-Weinheim ihrem Sohn zugesehen, wie er spielend Sand auf eine Schaufel nahm, ihn herabrieseln ließ und dabei den Zahn auflas. Heinrich Schertel konnte sogar die Fundschicht angeben. Sie befand sich in etwa viereinhalb Meter Tiefe. Dort war kurz zuvor ein Zahn des Bibers *Steneofiber jaegeri* entdeckt worden. Der von Freudenberg beschriebene Gigantanthropus-Zahn war ungefähr um ein Drittel größer als der rechte untere Vorbackenzahn im Gebiss des Heidelberg-Menschen (*Homo erectus heidelbergensis* bzw. *Homo heidelbergensis*) von Mauer bei Heidelberg, der mehr als 600.000 Jahre alt ist.

In den Wirren des Zweiten Weltkrieges (1939–1945) gingen zwei im Naturhistorischen Museum Mainz deponierte mutmaßliche Menschenaffen-Zähne vom Wissberg bei Gau-Weinheim verloren. Man hatte sie zur wissenschaftlichen Untersuchung nach Berlin geschickt, wo sie nach Kriegsende nicht mehr auffindbar waren.

1949 kam in der Sandgrube Schertel auf dem Wissberg bei Gau-Weinheim erneut ein mutmaßlicher Menschenaffen-Zahn ans Tageslicht. Dieser Backenzahn wurde von dem erwähnten Paläontologen Wilhelm Freudenberg erworben und gelangte 1951 in die Primatensammlung des Arztes und Anthropologen Erhard Otto Schoch in München.

Wie erwähnt, untersuchte der Paläontologe Gustav Heinrich Ralph von Koenigswald diese zwei Menschenaffen-Backenzähne vom Wissberg aus der Primatensammlung von Schoch und veröffentlichte 1956 seine Erkenntnisse hierüber. Der größere dieser beiden Zähne, ein zweiter Backenzahn des rechten Unterkiefers, ist 10,9 Millimeter lang und 9,3 Millimeter breit. Er soll weitgehend einem Zahn des Kiefers von *Dryopithecus fontani* von Seu de Urgell bei Lérida in Spanien entsprechen. Der zweite, kleinere Zahn war schlecht identifizierbar.

Nach dem Tod von Schoch verkaufte dessen Witwe die Primatensammlung und die Bibliothek. Die Bibliothek wurde von dem Antiquariat Dr. Rudolf Habelt in Bonn in einem eigenen Katalog vermarktet. Das Münchner Universitätsinstitut für Anthropologie und Humangenetik sowie Professor von Koenigswald für das Frankfurter Forschungsinstitut Senckenberg kauften Teile der Primatensammlung.

Weil in Eppelsheim und am Wissberg bei Gau-Weinheim mehrfach Reste von Menschenähnlichen (Hominoiden) entdeckt wurden, hält man bei den modernen wissenschaftlichen Ausgrabungen seit 1996 in Rheinhessen intensiv Ausschau nach weiteren solchen Fossilien. Sie können interessante Aufschlüsse über die Entwicklungsgeschichte der Menschenähnlichen – also auch der Menschen selbst – geben.

Heinrich Harder, geboren am 2. Juni 1858 in Putzar (Vorpommern), gestorben am 5. Februar 1935 in Berlin, gilt als einer der bekanntesten deutschen Maler urzeitlicher Tiere. Im Jahre 1900 zum Beispiel fertigte er 60 Lithografien für die Karten-Reihe „Tiere der Urwelt" des Hamburger Kakao- und Schokoloden-Herstellers Theodor Reichardt an.

Unter den von Heinrich Harder geschaffenen Bildern befinden sich Rekonstruktonen von Säugetieren, die vor etwa zehn Millionen Jahren am Ur-Rhein in Rheinhessen lebten: das Nashorn Aceratherium (links oben), das Wassermoschustier Dorcatherium (links unten), das Rüsseltier Deinotherium (rechts oben) und das Ur-Pferd Hippotherium (rechts unten).

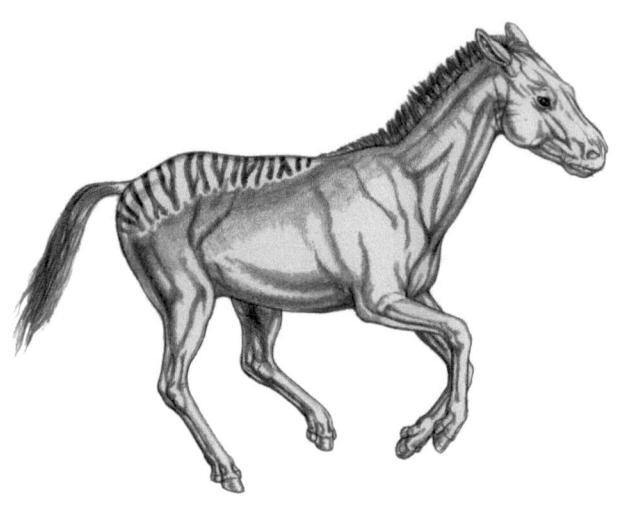

Ur-Pferd Hippotherium primigenium

Waldantilope Miotragocerus cf. *pannoniae*

Die Tierwelt am Ur-Rhein vor zehn Millionen Jahren

Das Alter der weltberühmten Säugetierfundstelle bei Eppelsheim in Rheinhessen muss weniger als elf Millionen Jahre betragen. Darauf weist das häufige Vorkommen des dreihufigen Ur-Pferdes *Hippotherium primigenium* (früher *Hipparion primigenium*) mit einer Schulterhöhe von etwa 1,40 Meter hin. hin. Es besaß unter den urzeitlichen Pferden Europas erstmals hochkronige Backenzähne, mit denen vornehmlich harte Grasnahrung gekaut werden konnte. Neuere Forschungen ergaben, dass die Hippotherien damit auch Blätter verzehrten.
Das Ur-Pferd *Hippotherium* ist erst vor etwa elf Millionen Jahren von Amerika über die Beringbrücke nach Asien und Europa eingewandert. Die Ablagerungen des Ur-Rheins bei Eppelsheim müssen also jünger als diese Einwanderungswelle sein. Allerdings nicht viel, weil das beträchtlich früher eingewanderte Waldpferd *Anchitherium* mit viel niedrigeren Zahnkronen in Eppelsheim, Esselborn, Gau-Weinheim und am Wissberg bei Gau-Weinheim noch vorhanden war, bevor es relativ rasch von *Hippotherium* verdrängt wurde.
An einer Fundstelle am Fuße des ehemaligen Vulkans Höwenegg bei Immendingen/Donau im Hegau sind zahlreiche komplett erhaltene Skelette des Ur-Pferdes *Hippotherium primigenium* ausgegraben worden, darunter sogar eine Stute mit Embryo. Ein in den Landessammlungen für Naturkunde, Karlsruhe, aufbewahrter Fund von *Hippotherium primigenium* erreichte eine Schulterhöhe von etwa 1,35 Meter. Damit war es etwa so groß wie heutige Steppenzebras. *Hippotherium primigenium* war eher in offenen Wäldern als in Steppen und Savannen zuhause.

Die Funde vom Höwenegg sind ähnlich alt wie die von Eppelsheim. Der Fundreichtum von dort könnte zumindest teilweise auf Ausbrüche des Vulkans zurückzuführen sein, an dessen Abhang ein Süßwassersee lag. Vielleicht sind damals manchmal Säugetiere durch eine solche Naturkatastrophe erschreckt worden, panikartig ins Wasser gestürzt und dort ertrunken.
Die Tierwelt am Ur-Rhein bei Eppelsheim entsprach einem Zeitabschnitt des Obermiozäns, der nach einer typischen Säugetierfauna im Valles Penedés bei Barcelona in Katalonien (Spanien) als Vallesium bezeichnet wird. Die Stufe Vallesium wurde 1950 von dem Paläontologen Miguel Crusafont Pairó (1910–1983) vorgeschlagen. Der Beginn (Untergrenze) des Vallesium ist durch das Einsetzen der Großsäugetierarten *Hippotherium* (Ur-Pferd), *Decennatherium* (Giraffe) und *Machairodus* (Säbelzahnkatze) definiert. Das Ende (Obergrenze) und damit der Beginn des Turolium wird durch das Erstauftreten der Hyänen *Hyaenictis almerai* und *Adcrocuta eximia*, des Schweins *Microstonyx major* und des Hirschen *Tragoportax gaufryi* markiert. Das Vallesium entspricht dem Zeitraum von etwa 11,1 bis 8,7 Millionen Jahren. In moderner Literatur wird das Alter der Dinotheriensande in Rheinhessen auf etwa zehn bis elf Millionen Jahre geschätzt.
Das Klima zur Zeit der Ablagerung der Dinotheriensande war wärmer und feuchter als heute, aber nicht tropisch. Hinweise hierfür lieferten Blätter in Tonlinsen des Dinotheriensandes auf dem Steinberg bei Sprendlingen (Kreis Mainz-Bingen). Sie stammen von Amber- und Zimtbäumen, die es heute in Deutschland nicht mehr gibt, sowie von Ahornen, Eichen, Pappeln, Ulmen und Weiden. Die Florenreste aus den Dinotheriensanden bei Sprendlingen wurden 1982 von der Mainzer Studentin Barbara Meller entdeckt.
Palmen wuchsen im Obermiozän vor etwa zehn Millionen Jahren am Ur-Rhein in Rheinhessen nicht mehr. Die letzten Palmen aus Deutschland kennt man aus dem Untermiozän vor etwa 17 Millionen Jahren. Sie entsprachen den widerstandsfähigsten

Palmengattungen der Gegenwart: Einige Funde ähneln der Hanfpalme (*Trachycarpus*), die sich im Himalaja bis in 3000 Meter Höhe behauptet und am Gardasee im Freien kultiviert wird, oder erinnern an die europäische Zwergpalme (*Chamaerops humilis*) in Spanien.
Die Messung der ursprünglichen Temperaturverhältnisse durch das Sauerstoff-Isotopen-Verhältnis in Molluskenschalen des Mainzer Beckens ergab mittlere Jahrestemperaturen von etwa 11 bis 15 Grad Celsius (heute 10 bis 11 Grad). Außerdem ermittelte man durchschnittliche Jahresniederschläge um 1000 bis 1200 Millimeter (heute 500 Millimeter).
Auch das gleichzeitige Vorkommen dreier Arten von Menschenaffen, die heute auf den tropischen Klimagürtel in Afrika und in Asien begrenzt sind, liefert Anhaltspunkte für ein wärmeres Klima als in der Gegenwart. In der Literatur ist von einem warmgemäßigten Regenklima die Rede.
Die Zusammensetzung der Pflanzen- und Tierfunde aus den Dinotheriensanden in Rheinhessen deutet auf ehemalige ausgedehnte Auenwälder hin. Solche kommen gegenwärtig noch im östlichen Nordamerika und in manchen Regionen Chinas vor.
Zu den größten Raritäten im Fundgut der Dinotheriensande zählen Reste von Menschenaffen. Bisher sind aus Eppelsheim drei Arten von Menschenaffen nachgewiesen: *Paidopithex rhenanus, Rhenopithecus eppelsheimensis* und *Dryopithecus* sp. Vom Menschenaffen *Paidopithex rhenanus* wird im Hessischen Landesmuseum Darmstadt ein etwa 28 Zentimeter langer Oberschenkelknochen aufbewahrt. Dort liegt auch jener obere Eckzahn, nach dem die Art *Rhenopithecus eppelsheimensis* beschrieben wurde. Ein Fingerknochen-Bruchstück von *Dryopithecus* sp. kam bei Grabungen des Frankfurter Forschungsinstitutes Senckenberg ans Tageslicht.
Beachtlich ist die Zahl der Raubtierarten aus den Dinotheriensanden. Die Bärenhunde (auch Hundebären genannt) waren in Eppelsheim mit zwei Arten vertreten: *Agnotherium antiquum*

Hyäne
Ictitherium robustum

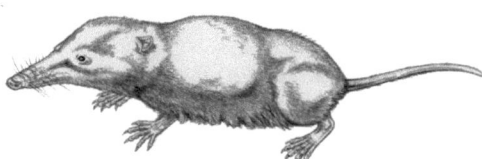

*Spitzmausähnlicher
Insektenfresser
Plesiosorex roosi*

*Biber
Palaeomys
castoroides*

*Maulwurf
Talpa
vallesensis*

*Spitzmausähnlicher
Insektenfresser
Crusafontina kormosi*

und *Amphicyon eppelsheimensis*. Der aus Eppelsheim bekannte kleine Katzenbär *Simocyon diaphorus* gilt heute als Vorfahre des Roten Panda (*Ailurus fulgens*) in Asien. Weitere Raubtiere aus Eppelsheim sind der Fischotter „*Lutra*" *hessica* und die Hyäne *Ictitherium robustum*. *Ictitherium* war etwa 1,20 Meter lang und jagte wie seine heutigen Verwandten vermutlich im Rudel. Bei den Säbelzahnkatzen lassen sich zwei Arten unterscheiden (*Machairodus aphanistus, Paramachairodus ogygius*).

Zu den kleinsten Säugetierfossilien aus den Dinotheriensanden gehörte lange Zeit der Biber *Palaeomys castoroides*, bis bei den Grabungen im Gewann „Auf dem Alzeyer Weg" bei Eppelsheim Reste von spitzmausähnlichen Insektenfressern (*Plesiosorex roosi, Crusafontina kormosi*) und vom Maulwurf (*Talpa vallesensis*) zum Vorschein kamen. Vom Biber wurden in den Dinotheriensanden bei Eppelsheim und Esselborn zahlreiche Reste geborgen.

Die Rüsseltiere waren in Eppelsheim und Umgebung mit insgesamt fünf Arten vertreten. Neben dem bereits erwähnten „Schreckenstier" *Deinotherium giganteum* kennt man *Prodeinotherium bavaricum, Gomphotherium angustidens, Tetralophodon longirostris* und *Stegotetrabelodon gigantorostris*. Das gelegentlich in der Literatur erwähnte *Deinotherium levius* gilt heute als identisch mit *Deinotherium giganteum*.

Bei den Unpaarhufern (Perissodactyla) aus den Dinotheriensanden gab es außer den Chalicotherien und Ur-Pferden auch Tapirartige und Nashörner.

Die krallenfüßigen Huftiere (*Chalicotherium goldfussi*) von Eppelsheim hatten ein bizarres Aussehen. Während die Endglieder ihrer Finger denen vom Ameisenbär und Riesenfaultier entsprachen, glichen ihre Körperproportionen mit langen, kräftigen Armen und kurzen Beinen eher einem Gorilla. Ihr Schädel war langgestreckt. Ihre Zähne ähnelten denen von Nashörnern. Bei aufgerichteter Haltung waren sie fast drei Meter groß und konnten mit ihrer hakenförmigen Hand Äste herunterzie-

Hornloses Nashorn Aceratherium incisivum

Kurzbeiniges Nashorn Brachypotherium goldfussi

hen, wenn sie Blätter in höheren Baumregionen fressen wollten.

Aus Eppelsheim stammt das so genannte Typusexemplar des dreihufigen Ur-Pferdes *Hippotherium primigenium*, das 1829 von Hermann von Meyer (1801–1869) beschrieben wurde. Er hat damals den Gattungsnamen *Equus* verwendet, der später durch *Hipparion* und erst neuerdings durch *Hippotherium* ersetzt wurde. Backenzähne dieses Ur-Pferdes gehören heute noch zu den in Eppelsheim am häufigsten gefundenen Fossilien. Vollständig erhaltene Skelette vom Höwenegg bei Immendingen/Donau in Baden-Württemberg zeigen, dass der Rücken von *Hippotherium primigenium* wie bei heutigen Hirschen deutlich gewölbt war.

Das Vorkommen der Tapire *Tapirus priscus, Tapirus antiquus* und *Tapirus intermedius* in Rheinhessen lässt vermuten, dass zu Lebzeiten dieser Tiere ein warmgemäßigtes Klima herrschte. Unter den damaligen Nashörnern existierten Formen ohne Horn (*Aceratherium incisivum, Brachypotherium goldfussi*) und mit Horn (*Dihoplus schleiermacheri*). Die hornlosen besaßen als Waffe große, nach vorne gerichtete Schneidezähne im Unterkiefer.

Das hornlose Nashorn *Aceratherium incisivum* war ein typischer Waldbewohner. Aufgrund von zwei weitgehend vollständigen Skeletten von der Fundstelle Höwenegg im Hegau konnte der Zürcher Säugetierpaläontologe Karl Alban Hünermann (früher in Mainz) die Schulterhöhe dieser Art mit etwa 1,10 bis 1,20 Meter berechnen. Damit war *Aceratherium incisivum* kaum kleiner als das heutige Sumatra-Nashorn (*Didermoceros sumatrensis*), das eine Schulterhöhe um 1,30 Meter erreicht, aber deutlich kleiner als die heutigen afrikanischen Nashörner mit Schulterhöhen von etwa 1,60 bis 2 Metern.

Das kurzbeinige, hornlose Nashorn *Brachypotherium goldfussi* bevorzugte offenbar Lebensräume zwischen Urwald und Steppe. Als größtes Nashorn seiner Zeit gilt das zwei große Hörner tragende Nashorn *Dihoplus schleiermacheri*. Es kam in ver-

Schwein Propotamochoerus palaeochoerus

Tapir Tapirus priscus

schiedenen Lebensräumen vor, wobei es feuchte Wälder mit eingestreuten Lichtungen bevorzugte.

Sehr artenreich müssen – nach den Funden zu schließen – die Paarhufer am obermiozänen Ur-Rhein gewesen sein. Zu ihnen zählen die Schweine (*Propotamochoerus palaeochoerus, Conohyus simorrensis, Microstonyx antiquus*), das Wassermoschustier *Dorcatherium naui*, die Gabelhirsche *Euprox furcatus, Euprox dicranocerus, Amphiprox anocerus, Heteroprox larteti* sowie die Zwerghirsche *Micromeryx* sp. und *„Cervus" nanus*. Das Schwein *Microstonyx antiquus* gilt als Waldtier und war merklich größer als das heutige, bis zu 1,25 Meter lange Wildschwein (*Sus scrofa*). Der erste Schädelfund von einem solchen stattlichen Schwein ist aus Statzing nördlich von Krems in Niederösterreich bekannt. Von *Microstonyx antiquus* hatten zuvor nur Zähne, Unterkieferknochen und Skelettelemente vorgelegen. Auch die Schweine *Propotamochoerus palaeochoerus* und *Conohyus simorrensis* waren Waldbewohner.

Beim geweihlosen Wassermoschustier *Dorcatherium naui* verfügten die männlichen Tiere über kräftige, hauerförmige Eckzähne, die ihnen als Waffen dienten. Solche großen oberen Eckzähne hatte auch der hirschgroße Giraffenverwandte *Palaeomeryx eminensis*, der zwar nicht aus Eppelsheim, aber aus Esselborn bekannt ist. Die rehgroßen Gabelhirsche – wie *Euprox furcatus, Euprox dicranocerus* und *Amphiprox anocerus* – trugen primitive Gabelgeweihe. Diese drei Gabelhirsche sind entfernt mit dem heutigen Munjakhirsch (*Munitiacus muntjac*) verwandt, der im Urwald von Ost- und Südostasien lebt und lange Eckzähne trägt. Auch eine damhirschgroße Waldantilope (*Miotragocerus* cf. *pannoniae*) ist aus den Dinotheriensanden bei Eppelsheim beschrieben worden. Die Abkürzung „cf." (lateinisch: confer = vergleiche) wird benutzt, wenn eine Bestimmung unsicher ist. Sie steht dann vor dem unsicheren Bestandteil des Namens, in diesem Fall vor der Art *pannoniae*.

Ein in den Landessammlungen für Naturkunde, Karlsruhe, aufbewahrter Fund der Waldantilope *Miotragocerus pannoniae* vom ehemaligen Vulkan Höwenegg im Hegau erreicht eine Schulterhöhe von etwa 1,10 Meter. Am Höwenegg wurden 13 Skelette dieser Waldantilope entdeckt. Vielleicht sind dort manchmal Säugetiere durch Vulkanausbrüche erschreckt worden, panikartig in Wasser eines Süßwassersees am Abhang des Höwenegg gestürzt und ertrunken.

Bild auf Seite 145:
Pflanzen- und Tierwelt von Öhningen bei Radolfzell am Bodensee aus dem Mittelmiozän vor etwa 15 Millionen Jahren. Die Funde von Öhningen sind etwas älter als diejenigen aus den Dinotheriensanden in Rheinhessen. Ausschnitt aus einem im Geologischen Institut der ETH Zürich aufbewahrten Gemälde aus dem Werk „Die Urwelt der Schweiz" (1879) von Oswald Heer (1809–1883).

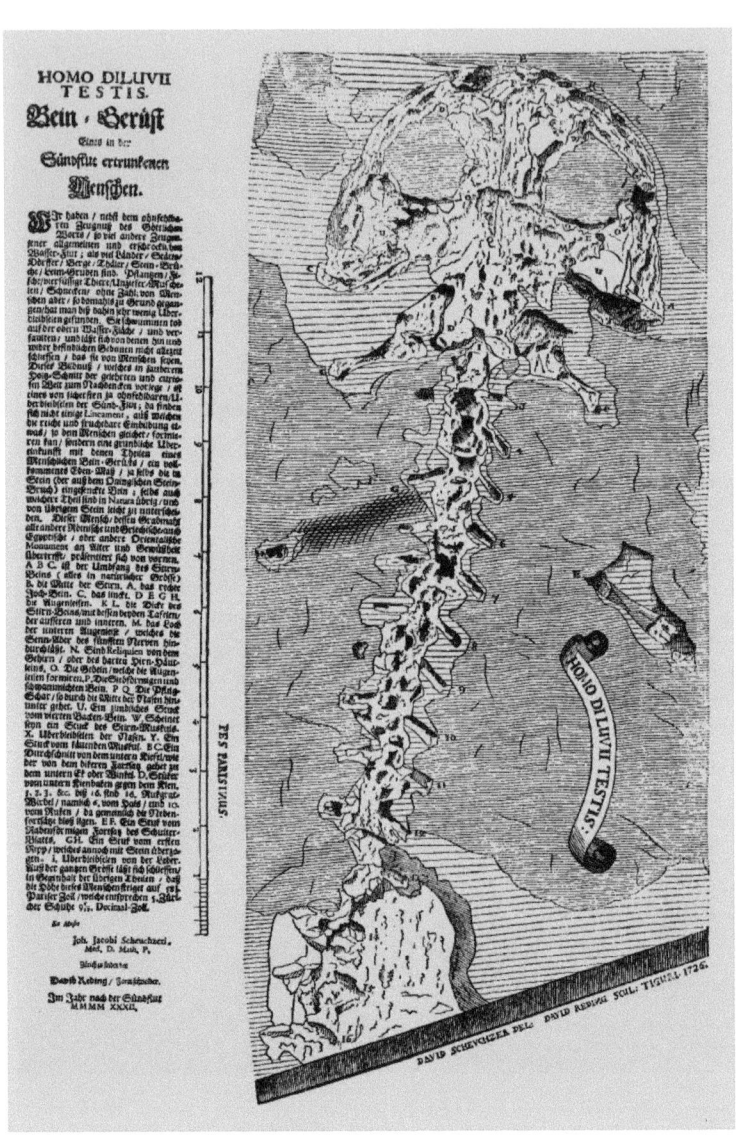

Riesensalamander (Andrias scheuchzeri) aus Öhningen

Was man bisher nicht gefunden hat

Von der exotischen Tierwelt am Ufer des Ur-Rheins bei Eppelsheim vor etwa zehn Millionen Jahren kennt man bisher vor allem mehr oder minder große Säugetiere. 2000 erwähnte der Paläontologe Jens Lorenz Franzen in einer Faunenliste für Eppelsheim insgesamt 32 Arten von Säugetieren. Sie umfasste zwei Primaten, sieben Raubtiere, ein Nagetier, sechs Rüsseltiere, sieben Unpaarhufer und neun Paarhufer.
Dank der Grabungen mit modernen wissenschaftlichen Methoden seit 1996 wird die Liste über Säugetierfunde aus Eppelsheim immer umfangreicher. 2003 beispielsweise kam ein bis dahin unbekannter spitzmausähnlicher Insektenfresser (*Plesiosorex roosi*) dazu. Bei den Grabungen achtet man inzwischen besonders auf Reste von Kleinsäugern und anderen unscheinbaren Fossilien wie etwa Zähnen von Menschenaffen.
Eigentlich sollte man annehmen, dass in einem Fluss wie dem Ur-Rhein viele Funde von Fischen zum Vorschein kommen müssten. Doch dem ist nicht so. Offenbar sind die Erhaltungsbedingungen für Fische in Eppelsheim nicht günstig.
Auch Reste von Amphibien fehlen bisher im Fundgut der Dinotheriensande von Eppelsheim. In Süddeutschland hatten im Mittelmiozän vor etwa 15 Millionen Jahren noch Riesensalamander gelebt. Der Riesensalamander (*Andrias scheuchzeri*) aus Öhningen bei Radolfzell am Bodensee ging in die Geschichte der Paläontologie ein. Denn der Züricher Stadtarzt und Naturforscher Johann Jakob Scheuchzer (1672–1733) deutete ihn 1726 als Skelettrest eines in der biblischen Sintflut ertrunkenen Menschen (*Homo diluvii testris*). Ein nicht ganz vollständig erhaltener fossiler Riesensalamander aus Öhningen in den

Am Ur-Rhein in Rheinhessen lebten im Obermiozän vor etwa zehn Millionen Jahren keine Krokodile. Diesen wärmeliebenden Panzerechsen war es damals in Deutschland bereits zu kalt. Krokodile der Gattung Diplocynodon hatte es noch im Untermiozän vor etwa 20 Millionen Jahren in der Gegend von Mainz und Wiesbaden gegeben.

Landessammlungen für Naturkunde, Karlsruhe, ist etwa 1,20 Meter lang. Heutige im Wasser lebende Japanische Riesensalamander (*Megalobatrachus japonicus*) in Japan und China erreichen eine Länge bis zu 1,60 Metern.

Reptilien sind in den Dinotheriensanden bei Eppelsheim vor allem durch zahlreiche Schildkrötenreste der Gattung *Trionyx* vertreten. 2003 barg man bei Grabungen das rechte vordere Viertel einer Weichschildkröte (Trionychidae), die zu Lebzeiten eine Kopfrumpflänge von mehr als einem Meter erreichte.

Dagegen hielten sich am Ufer und im Wasser des Ur-Rheins keine Krokodile mehr auf. Solche Panzerechsen (*Diplocynodon*) hatte es noch im Untermiozän vor etwa 20 Millionen Jahren in der Gegend von Mainz und Wiesbaden gegeben. Das belegen Krokodilreste aus Steinbrüchen in Budenheim bei Mainz (Rheinland-Pfalz) und in Wiesbaden (Hessen). In anderen Gegenden Deutschlands sind Krokodile noch im Mittelmiozän vor etwa 15 Millionen Jahren nachgewiesen. Zum Beispiel in Viehhausen zwischen Kelheim und Regensburg in Bayern oder in Steinheim am Albuch in Baden-Württemberg.

Offenbar war es für wärmeliebende Krokodile im Obermiozän vor etwa zehn Millionen Jahren Deutschland bereits zu kalt. Damals betrug die Durchschnittstemperatur nur noch 14 Grad. Für das Überleben der Krokodile wären aber mindestens 10 bis 15 Grad Durchschnittstemperatur im kältesten Monat erforderlich gewesen. Während in Europa die Krokodile ausstarben, zogen sich die Alligatoren in Nordamerika aus Nebraska und Oklahoma in das wärmere Florida zurück.

Wenig weiß man bisher über die Vogelwelt am Ur-Rhein bei Eppelsheim. In dem Buch „Deutschland in der Urzeit" (1986) von Ernst Probst wird nur der Kranich (*Pliogrus*) erwähnt. Im Naturhistorischen Museum Mainz liegen nicht näher bestimmbare Knochenreste von Vögeln.

Nach Ansicht des Ornithologen Gerald Mayr vom Forschungsinstitut Senckenberg in Frankfurt am Main könnte man in Eppelsheim zum Beispiel Flamingos, Papageien, Trogons und

Mausvögel erwarten. „Im frühen und mittleren Miozän sind die genannten Gruppen weit verbreitet in Europa und aus Fundstellen in Süddeutschland und Frankreich bekannt. Auch wenn es keine obermiozänen Funde gibt, würde ich annehmen, dass sie bis zur weiteren Abkühlung im Pliozän in Europa vorkamen." sagt er.

Trogons sind mittelgroße, breitschnabelige Frucht- und Insektenfresser mit kurzen Sitzbeinen, breiten, kurzen Flügeln, zwei vor und zwei nach hinten gerichteten Zehen, kurzen, breiten Flügeln und langem Schwanz. Diese farbenprächtigen Vögel alt- und neuweltlicher Urwälder gehören zu den Verkehrtfüßlern. Bei den Mausvögeln handelt es sich um finkengroße Buschvögel mit langem, steifem Schwanz und kurzem, gebogenem Schnabel. Sie zählen ebenfalls zu den Verkehrtfüßlern. Ihre erste und vierte Zehe können nach vorn und hinten gerichtet werden.

Auch bei den Säugetieren ist Eppelsheim sicherlich noch für manche Überraschung gut. Bei den Grabungen des Frankfurter Forschungsinstitutes Senckenberg und der Landessammlung für Naturkunde Rheinland-Pfalz werden zunehmend Reste von Kleinsäugern entdeckt. Zum Beispiel von spitzmausähnlichen Insektenfressern (*Plesiosorex roosi, Crusafontina kormosi*) und vom Maulwurf (*Talpa vallesensis*). Warum sollten nicht weitere solcher Kleinsäuger gefunden werden?

Vielleicht kann man bei Eppelsheim oder anderen Fundorten mit Dinotheriensanden in Rheinhessen sogar noch eine bisher nicht belegte Gattung oder Art von Menschenaffen finden, was einer Weltsensation gleichkäme. Immerhin fand man 2000 bei Eppelsheim bereits eine dritte Gattung von Menschenaffen (*Dryopithecus* sp.).

Es wäre aber auch schon ein großer Erfolg, wenn bei Eppelsheim oder sonstwo in Rheinhessen ein von einer anderen Fundstelle in Europa bekannter Menschenaffe nachgewiesen werden könnte. Etwa ein *Dryopithecus brancoi* wie in Götzendorf an der Leitha in Niederösterreich oder ein *Rudapithecus hungaricus* oder *Anapithecus hernyaki* wie in Rudabanya im Nordosten von Ungarn.

Zur Zeit des Obermiozäns vor etwa zehn Millionen Jahren herrschten für Säugetiere in Mitteleuropa geradezu paradiesische Zustände. Dies umschrieb der Paläontologe Jens Lorenz Franzen mit folgenden trefflichen Worten: „Wenn es das Paradies je gegeben hat, könnte es im Obermiozän von Mitteleuropa gelegen haben, vor rund elf bis fünf Millionen Jahren. Gegen Ende dieser Zeit begannen die frühesten Vorfahren des Menschen sich in ihrer stammesgeschichtlichen Entwicklung von ihren nächsten Verwandten, den Menschenaffen, zu lösen. Dementsprechend gab es noch keine Kriege, keine von Menschen verursachte Umweltverschmutzung oder gar -zerstörung. Nur gelegentlich unterbrachen Erdbeben und Vulkanausbrüche, Waldbrände und Überschwemmungen das friedliche Bild, waren aber örtlich begrenzt."

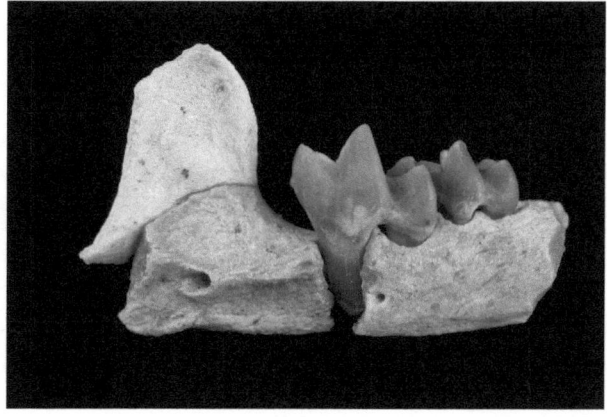

2000 bei Grabungen im Gewann „Auf dem Alzeyer Weg" bei Eppelsheim entdeckt: Unterkiefer des spitzmausähnlichen Insektenfressers Plesiosorex roosi, dessen Artname sich auf Altbürgermeister Heiner Roos aus Eppelsheim bezieht

Johann Jakob Kaup (1803–1873) auf einem Ölgemälde des Hofmalers Joseph Hartmann (1812–1885) von 1866

Johann Jakob Kaup
Der große Naturforscher aus Darmstadt

Um die Erforschung der exotischen Tierwelt aus den Dinotheriensanden in Rheinhessen hat sich vor allem der Darmstädter Paläontologe und Zoologe Johann Jakob Kaup (1803–1873) verdient gemacht. Er untersuchte und beschrieb zahlreiche Säugetiere von dort als Erster. Von den aus den Dinotheriensanden geborgenen großen Säugetieren hat er allein etwa die Hälfte beschrieben und ihnen einen Namen gegeben.
Johann Jakob Kaup kam am 20. April 1803 unehelich in Darmstadt zur Welt. Er war der Sohn der jungen Darmstädterin Elisabeth Dorothea Göbel und des aus Ortenberg in Oberhessen stammenden Pfarrersohns und damaligen Leutnants Heinrich Friedrich von Kaup. Noch vor der Geburt von Johann Jakob verließ dessen Vater wegen eines Streites mit einem anderen Offizier überstürzt Darmstadt. Er setzte sich ins damals dänische Schleswig-Holstein ab, wo er Hauptmann wurde und eine neue Familie gründete.
Der kleine Kaup wuchs in bescheidenen Verhältnissen auf. Für ihn wurde ein Vormund bestimmt, der dafür sorgte, dass der aufgeweckte Junge nicht – wie andere Kinder armer Leute – die Stadtschule, sondern die auf das Gymnasium („Pädagog") vorbereitende Kandidatenschule besuchte.
Im Alter von neun Jahren kam Johann Jakob auf das Gymnasium, wo er zusammen mit dem späteren Chemiker Justus von Liebig (1803–1873) die Schulbank drückte. Kaup soll ein schlechter Schüler gewesen sein. Latein und Griechisch interessierten ihn wenig, die Natur und hier besonders die Tierwelt dagegen sehr. 1819 verließ er aus Geldmangel die Schule, befasste sich aber mit naturwissenschaftlichen Fragen.

Nach dem Tod seiner Mutter im Jahre 1820 war der 17-jährige Kaup allein und mittellos. In der Folgezeit verdiente er mit Schreibarbeiten, bei denen ihm seine schöne Handschrift zugute kam, und mit dem Verkauf ausgestopfter Vögel seinen Lebensunterhalt. Die Vögel brachte er mit einem Blasrohr zur Strecke. Das Ausstopfen hatte ihm der Ornithologe Georg Bekker (1770–1836), der Vorstand des „Großherzoglichen Naturalien-Cabinets" in Darmstadt, beigebracht.

Das „Naturalien-Cabinet" geht auf eine Stiftung des Großherzogs Ludwig I. von Hessen-Darmstadt (1753–1830) aus dem Jahre 1820 zurück. Damit gehört das heutige Hessische Landesmuseum Darmstadt zu den ältesten öffentlichen Museen in Deutschland.

Ab 1822 studierte Kaup an der Universität Göttingen, wo der berühmte Naturforscher Johann Friedrich Blumenbach (1752–1840) Zoologie lehrte. Nach einem Jahr wechselte er an die Universität Heidelberg und im Herbst 1823 an das Rijks Museum van Naturlijke Historie in Leiden (Holland), wo er Fische und Amphibien untersuchte. Noch im selben Jahr erschien die erste wissenschaftliche Publikation des 20-Jährigen in der Zeitschrift „Isis".

1825 trat Kaup eine Assistentenstelle am „Naturalien-Cabinet" in Darmstadt an. Von 1828 bis 1837 arbeitete er dort als „provisorischer Gehilfe". 1830 übernahm er die Leitung der Zoologischen Abteilung.

In der im April 1829 erschienenen Publikation „Skizzierte Entwicklungsgeschichte und Natürliches System der Europäischen Tierwelt" präsentierte Kaup bemerkenswerte Gedanken und Grundsätze, weswegen er als einer der Vorläufer des britischen Naturforschers Charles Darwin (1808–1882) gilt. Zu dieser Zeit wirkte er als einziger Gehilfe des „Naturalien-Cabinets" in Darmstadt und erhielt eine jährliche Gratifikation von 440 Gulden.

Um seine bescheidenen Einkünfte aufzubessern, unterrichtete Kaup die Söhne aus angesehenen Familien. Mit großem Eifer befasste er sich mit dem Zeichnen und der Bearbeitung fossiler Funde.

Die Universität Gießen verlieh Kaup 1831 die Ehrendoktorwürde. Ab 1832 erschien sein vielleicht bedeutendstes Werk „Description d'Ossements fossiles de Mammifères inconnus jusqu'à présent, qui se trouvent au Muséum grand-ducal de Darmstadt; avec figures lithographiées". Das Erscheinen von fünf Heften im Großformat zog sich sieben Jahre dahin, weil Kaup das Werk selbst finanzieren musste. In diesem Werk beschrieb und benannte Kaup 20 heute noch weltbekannte Säugetierarten aus Eppelsheim wie beispielweise das krallenfüßige Huftier *Chalicotherium goldfussi*, die Säbelzahnkatze *Machairodus aphanistus* oder den Bärenhund *Amphicyon eppelsheimensis*. Durch diese und andere Funde sowie ihre Veröffentlichung stieg das Ansehen Kaups in der Fachwelt ungemein.

Der in Heidelberg tätige Naturforscher Heinrich Georg Bronn (1800–1862) bat Kaup 1832 um Mitarbeit am „Neuen Jahrbuch für Mineralogie, Geognosie und Petrefaktenkunde". In der Folgezeit besuchte Kaup zahlreiche Fachkongresse und veröffentlichte viel beachtete Artikel.

Im Alter von 31 Jahren gründete der immer noch schlecht entlohnte Kaup eine Familie. Er heiratete 1834 Elise Hauser, die Tochter eines Sekretärs der Oberforstdirektion aus Bessungen, das heute ein Stadtteil von Darmstadt ist. Aus der harmonischen Ehe gingen vier Töchter und ein Sohn hervor.

Einen Höhepunkt in der wissenschaftlichen Karriere von Johann Jakob Kaup bescherte das Jahr 1835. Damals bat der Gießener Mineraloge und Geologe August von Klipstein (1801–1894) seinen Freund Kaup um Hilfe bei der Bergung eines riesigen Oberschädels in einer Sandgrube bei Eppelsheim in Rheinhessen. Dabei handelte es sich um ein Fossil des Rüsseltieres *Deinotherium giganteum* („Riesiges Schreckenstier"). Der sensationelle Fund konnte dank der Erfahrung von Kaup wohlbehalten geborgen werden.

Aus der Feder von Kaup erschien 1836 das dreibändige Werk „Thierreich in seinen Hauptformen systematisch beschrieben". Diese reich mit mehr als 500 Holzschnitten und Kupferstichen ausgestattete Publikation gilt als eines seiner bedeutendsten Werke.
1837 wurde Kaup zum Gehilfen am „Naturalien-Cabinet" mit dem Charakter als „Inspektor" ernannt. Er verdiente nun jährlich 900 Gulden – immer noch merklich weniger als seine Vorgänger, die 1500 Gulden erhalten hatten. 1840 erfolgte seine Ernennung zum „wirklichen Inspektor".
Ein Glücksfall war für Kaup die Bekanntschaft mit dem jungen Tiermaler Joseph Wolf (1820–1899). Der in Mörz bei Münstermaifeld geborene Bauernsohn wurde nach seiner Schulzeit in Metternich (heute ein Stadtteil von Koblenz) von 1836 bis 1839 zum Lithographen ausgebildet. Auf Vermittlung des Frankfurter Forschungsreisenden Eduard Rüppel (1794–1884) ging er 1840 an das „Großherzogliche Naturalien-Cabinet" in Darmstadt. Wolf fertigte für Kaup Illustrationen der von ihm beschriebenen Tiere an, lebte ab 1848 in London und gilt als bedeutendster Tiermaler des 19. Jahrhunderts.
1841 kam König Christian VIII. von Dänemark (1786–1848) zu Besuch nach Darmstadt. Der Monarch ließ sich von Kaup ausführlich über Paläontologie informieren und war von ihm so sehr beeindruckt, dass er ihn zum Ritter des Dannebrog Ordens ernannte.
Nach dem Tod von Ernst Schleiermacher (1755–1844), des langjährigen Direktors des „Großherzoglichen Naturalien-Cabinets" in Darmstadt, begann für Kaup eine schwierige Zeit. Schleiermacher hatte Kaup sehr geschätzt und ihn mit der wissenschaftlichen Bearbeitung der Funde aus Eppelsheim betraut, obwohl sich viele andere Gelehrte darum bemüht hatten, die Darmstädter Sammlung zu publizieren.
Als Nachfolger von Ernst Schleiermacher folgte dessen Sohn Andreas Schleiermacher (1787–1858) und nicht – wie man erwarten hätte können – Johann Jakob Kaup. Der neue Direktor

war Kaup weniger gewogen als dessen Vater und hielt nichts von dessen Systematik. Von 1845 bis 1848 reiste Kaup viermal nach England und arbeitete dort vor allem im Britischen Museum und im India House. In einem Brief an den Londoner Paläontologen Richard Owen klagte Kaup: „In Deutschland gehe ich zu Grunde, das fühle ich mit jedem Tag mehr ...". Werke, für die er unter seinen traurigen Verhältnissen in Darmstadt jahrelang arbeiten müsse, würde er in London in vier Monaten vollenden können, meinte er.

Vom Britischen Museum erhielt Kaup 1852 den Auftrag, dessen große Fischsammlungen zu katalogisieren. Für die Reisekosten kam der amerikanische Mäzen Thomas B. Wilson aus Philadelphia auf. 1853 reiste Kaup wieder nach London, um seinen Fischkatalog zu vollenden.

In London kaufte Kaup auch das 1801 aus eiszeitlichen Ablagerungen des Orange Countys im US-Bundesstaat New York stammende Skelett eines Amerikanischen Mastodon (*Mammut americanum*) für nur 1200 Gulden. Das etwa 3,50 Meter hohe Rüsseltier musste nach dem Tod des amerikanischen Künstlers und Museumsgründers Charles Willson Peale (1741–1827) veräußert werden. Es ist noch heute im Hessischen Landesmuseum Darmstadt zu sehen.

1855 arbeitete Kaup ein Vierteljahr lang in der Fischsammlung des Pariser „Muséum d'Histoire Naturelle" bei Prinz Charles Lucien Bonaparte (1803–1857), der Kaup eingeladen und in seiner Familie aufgenommen hatte. Offenbar hatte Kaup ein gewisses Faible für das Französische, weil er sich selbst gerne Jean Jacques Kaup nannte.

Kaup hatte mit vielen berühmten Naturforschern seiner Zeit enge Kontakte. Zum Beispiel mit Louis Agassiz (1807–1873), Adolphe-Théodore Brongniart (1801–1876), William Buckland (1784–1856), Georges Cuvier (1769–1832), George Robert Gray (1808–1872), Lorenz Oken (1779–1851), Richard Owen (1804–1892) und Coenraad Jacob Temminck (1778–1858). Gesellschaften und Akademien nahmen ihn als Mitglied auf.

Großherzog Ludwig III. von Hessen-Darmstadt (1806–1877) ernannte Kaup 1858 zum Professor für Zoologie.
Kaup hat ungewöhnlich viele Fossilien aus verschiedenen Zeiten und Fundstellen untersucht und ihnen einen Namen gegeben. Er beschrieb zum Beispiel als Erster folgende Säugetiere aus den Dinotheriensanden in Rheinhessen:

Deinotherium giganteum KAUP 1829
Aceratherium incisivum KAUP 1832
Dihoplus schleiermacheri KAUP 1832
Machairodus aphanistus KAUP 1832
Paramachairodus ogygius KAUP 1832
Palaeomys castoroides KAUP 1832
Simocyon diaphorus KAUP 1832
Tetralophodon longirostris KAUP 1832
Agnotherium antiquum KAUP 1833
Amphiprox anocerus KAUP 1833
Chalicotherium goldfussi KAUP 1833
Euprox dicranocerus KAUP 1833
Propotamochoerus palaeochoerus KAUP 1833
Microstonyx antiquus KAUP 1833
Tapirus antiquus KAUP 1833
Tapirus priscus KAUP 1833
Brachypotherium goldfussi KAUP 1834
Dorcatherium naui KAUP 1834
„Cervus" nanus KAUP 1839

Am 4. Juli 1873 starb Johann Jakob Kaup im Alter von 70 Jahren an Leberzirrhose in Darmstadt. Im Nachruf würdigte die „Darmstädter Zeitung" seinen einfachen, biederen und stets heiteren Charakter, der ihm zu Lebzeiten viele Freunde beschert hatte. Kaup wurde auf dem „Alten Friedhof" an der Niederramstädter Straße begraben. Noch in seinem Todesjahr hat man die Kaupstraße in Darmstadt und einen Berg in Neuseeland (Mount Kaup) nach ihm benannt. An Kaup erinnern auch Gattungs- und Artnamen von Tieren wie *Kaupichthys* aus der Familie der Aalartigen und *Palaeomeryx kaupi* (ein Giraffenverwandter) sowie der Name der vom Hessischen Landesmuseum Darmstadt herausgegebenen Zeitschrift „Kaupia".

Vier Jahre nach dem Tod von Johann Jakob Kaup erschien posthum 1877 sein Werk „Grundriß zu einem System der Natur". Darin teilte er das Tierreich – nach Ausbildung der fünf Sinne (Auge, Ohr, Nase, Zunge, Haut) in fünf Klassen ein: Säugetiere (als Augen- und Ohrentiere), Vögel (als Ohr- und Lungentiere), Amphibien (als Nasen- und Knochentiere), Fische (als Zungen- und Muskeltiere) und Mollusken (als Haut- und Gefühlstiere).

Großherzog Ludwig I. von Hessen-Darmstadt (1753–1830): Das „Naturalien-Cabinet" in Darmstadt geht auf seine Stiftung aus dem Jahre 1820 zurück.

Joseph Wolf (1820–1899) fertigte für Kaup viele Illustrationen der von ihm beschriebenen Tiere an. Er gilt als bedeutendster Tiermaler des 19. Jahrhunderts.

Ernst Schleiermacher (1755–1844)

Ernst Schleiermacher
Der erste Direktor des Naturalien-Cabinets

Wenn man sich mit den Anfängen des Hessischen Landesmuseums in Darmstadt oder mit den ersten Entdeckungen von Säugetieren aus den Dinotheriensanden in Rheinhessen befasst, dann stößt man bald auf einen bestimmten Namen: Nämlich den von Ernst Schleiermacher (1755–1844).
Schleiermacher war der erste Direktor des „Großherzoglichen Naturalien-Cabinets" in Darmstadt und somit der Chef des tüchtigen Paläontologen Johann Jakob Kaup. Er erkannte den hohen wissenschaftlichen Wert der Fossilien aus den Dinotheriensanden, zahlte Prämien für abgelieferte Funde und korrespondierte deswegen mit Koryphäen.
In die Annalen der Wissenschaft ging Schleiermacher auch ein, weil Kaup nach ihm 1832 das doppelhornige Nashorn *Rhinoceros schleiermacheri* aus den Dinotheriensanden bei Eppelsheim benannte. Später bezeichnete man dieses als *Dicerorhinus schleiermacheri* und zuletzt als *Dihoplus schleiermacheri*.
Bei der Entdeckung des weltweit historisch ersten Menschenaffen-Fundes (*Paidopithex rhenanus*) machte Schleiermacher allerdings keine gute Figur. Er betrachtete den rund 28 Zentimeter langen Oberschenkelknochen dieses Menschenaffen irrtümlich als den eines zwölfjährigen Mädchens. Solche Irrtümer sind in der Geschichte der Wissenschaft allerdings auch vielen anderen Koryphäen unterlaufen.
Ernst Christian Friedrich Adam Schleiermacher erblickte am 18. Januar 1755 in Alsfeld in Oberhessen das Licht der Welt. Bereits als Kind kam er nach Darmstadt, wohin sein Vater als Leibarzt der kunstsinnigen Karoline Henriette von Hessen-Darmstadt (1721–1774) berufen worden war. Karoline wurde

von Johann Wolfgang von Goethe (1749–1832) in seinem Werk „Dichtung und Wahrheit" als „Große Landgräfin" verewigt. Sie verwandelte den Darmstädter Hof in einen wahren Musenhof, der bedeutende Künstler anzog.

Bis 1774 besuchte Ernst Schleiermacher das Gymnasium. Danach begann er an der Universität Gießen ein Studium der Rechte. Neben seinem Studium betrieb er fleißig das Zeichnen und die Naturwissenschaften.

Schleiermacher wechselte später an die Universität Göttingen. Dort nahm sich sein in Oberramstadt bei Darmstadt geborener Landsmann, der Physiker und Schriftsteller Georg Christoph Lichtenberg (1742–1799), der ab 1769 als ordentlicher Professor in Göttingen wirkte, seiner an. Lichtenberg gab ihm weitere Anregungen bezüglich der Naturwissenschaften. In Göttingen wandte sich Schleiermacher engagiert auch neueren Sprachen und der Literatur zu.

Nach dem Ende seines Studiums wurde Schleiermacher zum Cabinetssecretär des hessen-darmstädtischen Erbprinzen Ludwig (1753–1830) ernannt. Diese Stellung wurde wichtig, als Letzterer als Großherzog Ludwig I. von Hessen-Darmstadt 1790 die Regierung antrat.

In der „Allgemeinen Deutschen Biographie" heißt es über Schleiermacher: „Die gesammten Geschäfte des Cabinets lagen in seinen Händen, und der Umfang derselben war ein recht erheblicher. Neben manchen Zweigen der Hofhaltung und des Bauwesens betrafen sie namentlich das Theater, die Bibliothek und das Museum, Anstalten, die damals unter thätigster Mitwirkung Schleiermacher's aus unscheinbaren Anfängen rasch zu großer Blüte und Bedeutung gebracht wurden. Er war der erste Director des Gesammtmuseums und was er für dasselbe geleistet hat, entlockte keinem Geringeren als Goethe Worte lebhafter Anerkennung."

Schleiermacher hatte viele Interessen. Aber die Naturwissenschaften, vor allem die Osteologie und seine Aktivitäten auf diesem Gebiet, brachten ihm große Anerkennung in der Fachwelt ein. Zu denen, die ihn sehr achteten, gehörte auch der renommierte französische Paläontologe Georges Cuvier (1769–1832) in Paris.

Der Landesherr Ludwig I. schätzte die Geschäftsgewandtheit, den Fleiß und die Zuverlässigkeit von Schleiermacher sehr. Alle, die mit Schleiermacher zu tun hatten, waren von seinem Gerechtigkeitssinn und seiner Hilfsbereitschaft sehr angetan.

1821 erhielt Schleiermacher den Titel und das Gehalt eines Geheimen Staatsraths, doch wollte davon keinen Gebrauch machen. Nach dem Tod von Großherzog Ludwig I., dem er 51 Jahre lang treu gedient hatte, legte Schleiermacher 1830 das Cabinetssecretariat nieder. Bei diesem Anlass wurde er zum wirklichen Geheimen Rath und Commandeur des Ludwigsordens ernannt. In der Folgezeit behielt er nur noch die Direction der Museen bei.

Am 13. Februar 1844 trauerte Schleiermacher um seinen talentierten ältesten Sohn Ludwig, der die Analytische Optik (1842) verfasst hatte. Den Tod dieses Sohnes hat er nicht lange überlebt. Ernst Schleiermacher starb am 20. April 1844 im Alter von 89 Jahren in Darmstadt. Sein zweiter Sohn Andreas Schleiermacher (1787–1858) war bis 1854 sein Nachfolger als Museumsdirektor.

Andreas Schleiermacher (1787–1858)

August von Klipstein (1801–1894)

August von Klipstein
Der Entdecker des „Schreckenstieres"

Der adelige Mineraloge August von Klipstein (1801–1894) spielte bei der Entdeckung des „Schreckenstieres" im Gewann „Jörgenbauer" bei Eppelsheim eine wichtige Rolle. Er war mit dem etwas jüngeren Darmstädter Paläontologen Johann Jakob Kaup, den er in Gießen kennen gelernt hatte, befreundet und barg mit ihm 1835 gemeinsam den Oberschädel des *Deinotherium giganteum*.
August von Klipstein wurde am 7. Juni 1801 in Hohensolm bei Gießen geboren und stammte aus gutem Hause. Sein Vater Philipp Engel von Klipstein (1747–1808) kam in Darmstadt zur Welt und war ab 1767 Secretär beim Bergcollegium in Gießen, später Assessor und Referendar bei der Rentkammer in Darmstadt, ab 1772 Kammerrath in Darmstadt und ab 1803 Geheimer Rat und Kammerdirektor in Gießen. 1808 starb der Vater in Darmstadt.
August von Klipstein war studierter Geologe und Mineraloge. Ab 1831 arbeitete er als Revierförster und Lehrer der Forstwissenschaft in Gießen. Seit 1836 wirkte er als ordentlicher Professor der Mineralogie an der Universität Gießen.
1835 entdeckte August von Klipstein in einer von ihm eigens für Fossilgrabungen erworbenen Sandgrube im Gewann „Jörgenbauer" bei Eppelsheim weltweit den ersten Oberschädel des rätselhaften „Schreckenstieres" (*Deinotherium giganteum*). Er benachrichtigte seinen Freund Johann Jakob Kaup aus Darmstadt über diese sensationelle Entdeckung und bat ihn um Hilfe bei der schwierigen Bergung.
Der mit Hilfe von 24 starken Männern erfolgreich geborgene „Schreckenstier"-Oberschädel wurde 1836 von Klipstein und

Kaup in deutscher und französischer Sprache beschrieben. Auf der Titelseite des der Beschreibung beiliegenden „Atlas Dinotherii gigantei" mit Abbildungen des Fundes ist eine Landschaft mit verschiedenen Tieren zu sehen, deren Knochen bei Eppelsheim gefunden wurden. Dabei handelt es sich um eine der frühesten Rekonstruktionen einer vorzeitlichen Landschaft und deren Tierwelt.

Zwischen 1842 und 1845 sorgte August von Klipsteins umfangreiche Fossiliensammlung aus der Triaszeit von St. Cassian immer wieder für Diskussionen in der Fachwelt. Die Debatten wurden unter anderem von dem berühmten sächsischen Paläontologen Hans Bruno Geinitz (1814–1900) angeregt.

Lange Zeit bemühte sich August von Klipstein vergeblich, den Oberschädel des *Deinotherium giganteum*, den er 1835 als junger Mann bei Eppelsheim entdeckt hatte und der in der Fachwelt unterschiedlich gedeutet wurde, zu verkaufen. Erst um 1866 erwarb Thomas B. Oldham (1816–1878), der Direktor des geologischen Dienstes von Indien, einen Teil der Fossiliensammlung des mittlerweile 65-jährigen Klipstein mitsamt Deinotherium-Oberschädel.

Am 15. April 1894 starb August von Klipstein im hohen Alter von 92 Jahren in Gießen. Er hatte seinen Darmstädter Freund Johann Jakob Kaup um 20 Jahre überlebt. Teile seiner Sammlung kamen nach Darmstadt, Bremen, London, Wien und Budapest.

*Der Gießener Mineraloge
August von Klipstein
begrüßte 1835
mit einer Flasche Wein
in der Hand
in einer Sandgrube
bei Eppelsheim
die Entdeckung
des Oberschädels
des Rüsseltieres
Deinotherium giganteum
(„Riesiges Schreckenstier").
Sein Freund
Johann Jakob Kaup
aus Darmstadt
stand derweil in der Grube
und überwachte
die schwierige Bergung
des Fossils,
an der sich
24 kräftige Männer
beteiligten.*

Hermann von Meyer (1801–1869)

Hermann von Meyer
Ein Pionier der Paläontologie

An der Erforschung der Tierwelt der Dinotheriensande bei Eppelsheim war auch Hermann von Meyer (1801–1869) aus Frankfurt am Main beteiligt. Er gilt als der bedeutendste Wirbeltierpaläontologe des 19. Jahrhunderts in Deutschland, wenn nicht sogar von ganz Europa. Dieser berühmte Forscher hat die Fundstelle Eppelsheim in Rheinhessen besucht und zwei dort vorkommende Säugetierarten wissenschaftlich beschrieben. Nämlich 1929 das dreihufige Ur-Pferd *Hippotherium primigenium* (früher *Hipparion primigenium* genannt) und das Rüsseltier *Prodeinotherium bavaricum* (früher *Deinotherium bavaricum*).

Christian Erich Hermann von Meyer kam am 3. September 1801 in Frankfurt am Main als Sohn des Juristen Johann Friedrich von Meyer (1772–1849) zur Welt. Sein Vater wurde 1825 Bürgermeister und Gesandter der freien Reichsstadt Frankfurt in der Bundesversammlung. Von Kindheit an litt Hermann unter einem körperlichen Gebrechen. Er hatte eine Art von Klumpfüßen, weswegen er nicht lange stehen oder gehen konnte.

Wegen seiner Behinderung war Hermann von vielen Kinderspielen, bei denen im Freien herumgetobt wurde, ausgeschlossen. Er genoss in seiner Familie eine sehr gute Erziehung. Von Mai 1808 bis Oktober 1815 besuchte er das Gymnasium in Frankfurt am Main. Als Gymnasiast wandte er sich der Mineralogie und Chemie zu. Mit Friedrich Wöhler (1800–1882), der später ein berühmter Chemiker wurde, führte Hermann als Jugendlicher im Hof seines Elternhauses chemische Versuche durch. Sein Taschengeld gab er fast ausschließlich für Mineralien, Reagentien und Druckschriften über Chemie und Mineralogie aus.

1818 arbeitete Hermann von Meyer zur Vorbereitung auf das Hüttenwesen im Kahler Glaswerk. Auf Wunsch seines Vaters absolvierte er von 1819 bis 1822 eine Lehre im Bankhaus Gebr. Meyer seines Onkels. Die Beschäftigung in der Bank befriedigte ihn nicht. Während dieser Zeit verzichtete er nicht auf seine chemischen Versuche zusammen mit Wöhler.

Ab Mai 1822 studierte der 21-jährige Hermann von Meyer an der Universität Heidelberg Mineralogie, Mathematik und Physik. Zu seinen akademischen Lehrern gehörten unter anderem die berühmten Wissenschaftler Heinrich Georg Bronn (1800–1862), Karl Cäsar von Leonhard (1779–1862) und Leopold Gmelin (1789–1853).

1824/1825 setzte Hermann von Meyer an der Universität München sein Studium fort. Dort ordnete er zusammen mit Franz von Kobell (1803–1882) die mineralogische Sammlung des bayerischen Staates und hatte in seiner Freizeit Kontakt mit Architekten, Bildhauern und Malern.

Im Juli 1825 lernte Hermann von Meyer den Arzt und Anatom Samuel Thomas von Sömmering (1755–1830) kennen. Auf dessen Veranlassung wurde er am 16. August jenes Jahres in die nach dem Frankfurter Arzt Johann Christian Senckenberg (1707–1772) benannte, 1817 gegründete Senckenbergische Naturforschende Gesellschaft (SNG) aufgenommen. Er ordnete deren mineralogische und paläontologische Sammlung, entwickelte sich bald dank seiner Ausdauer, seines Scharfsinns und Zeichentalents vom Schüler zum Meister und war Mitredakteur und einer der Hauptautoren der Veröffentlichungsreihe „Museum Senckenbergianum".

Im Sommer 1827 wechselte Hermann von Meyer nach Berlin, betrieb dort naturwissenschaftliche Studien und pflegte die Geselligkeit. Täglich traf er sich mit der Schriftstellerin Bettina von Arnim (1785–1859) und lernte dank ihrer Hilfe bedeutende Künstler und Schriftsteller kennen.

In Nürnberg leitete Hermann von Meyer 1827/1828 ein Institut für Glasmalerei, das unter anderem Arbeiten am Regensburger Dom ausführte. Die Leopoldinische Akademie nahm ihn am 10. Juni 1829 als Mitglied auf. Meyer erhielt den Beinamen „Scheuchzer", der an den schweizerischen Arzt, Mathematikprofessor und Naturforscher Johann Jakob Scheuchzer (1672–1733) erinnerte.

Am 9. November 1830 wurde Hermann von Meyer in Frankfurt am Main zum Diaconus der evangelisch-lutherischen Gemeinde gewählt, am 10. Oktober 1834 in die Bürgerrepräsentation aufgenommen und 1835 zum Senior des evangelisch-lutherischen Armenpflegeamts ernannt.

Mit großer Begeisterung unternahm Hermann von Meyer paläontologische Studien. Er besuchte die fossilienreichen Sandgruben bei Eppelsheim in Rheinhessen sowie Fossilienfundstätten in Georgensgmünd und Solnhofen in Bayern.

Hermann von Meyer nahm an zahlreichen Versammlungen von Naturforschern in Europa teil. Ungeachtet seiner Abneigung gegen öffentliches Reden vor großem Publikum trug er zahlreiche Mitteilungen in den Sektionssitzungen vor. Sein Vortragsstil wird als klar, bündig, streng sachlich und seine Sprache als gewählt geschildert.

Der Gelehrte Hermann von Meyer verfasste mehr als 300 wissenschaftliche Publikationen, beschrieb viele Fossilien und gab ihnen einen wissenschaftlichen Namen. Unter anderem prägte er die Gattungsnamen *Plateosaurus* (1837) für einen Dinosaurierfund bei Heroldsberg unweit von Nürnberg, *Rhamphorhynchus* (1847) für einen Flugsaurier, *Stenopelix* (1857) für einen Dinosaurier aus Bückeburg in Niedersachsen und *Archaeopteryx* (1861) für den Abdruck einer Feder eines Ur-Vogels aus Solnhofen.

Zeitgenossen rühmten die vorzügliche Allgemeinbildung Hermann von Meyers, sein großes handwerkliches und zeichnerisches Geschick sowie seine gerade und vornehme Gesinnung. Außerdem lobte man seinen ungewöhnlichen Fleiß, seine Ordnungsliebe, seine wundervoll organisierte Arbeit, seine ausgezeichnete Höflichkeit, seine feinen, weltmännischen Umgangsformen und seine Gottesfurcht.

1837 ernannte man Hermann von Meyer zum „Bundestags-Cassen-Controleur" in Frankfurt am Main. In dieser Zeit entfaltete er seine stärkste literarische Aktivität. Er begann sein Werk „Zur Fauna der Vorwelt", gründete zusammen mit Wilhelm Dunker (1809–1885) die „Paleontographica" und publizierte viele kleinere Abhandlungen. Von 1838 bis 1843 wirkte er als Sektionär für die „Osteologie" der SNG in Frankfurt am Main.

1845 erhielt Hermann von Meyer einen akademischen Grad dank einer Ehrenpromotion durch die philosophische Fakultät der Universität Würzburg. 1851/1852 fungierte er als Erster Direktor der Senckenbergischen Naturforschenden Gesellschaft. Im März 1860 erhielt Hermann von Meyer einen Ruf als Professor der Geologie und Paläontologie an die Universität Göttingen, den er aber ablehnte. Er legte großen Wert auf die Unabhängigkeit seiner Stellung in der Wissenschaft und verzichtete stets auf Honorar für seine literarischen Arbeiten.

Ab 1. Januar 1863 arbeitete Hermann von Meyer als „Bundestags-Cassier", was ihm vermehrte Arbeit einbrachte. Im selben Jahr bezeichnete man einen Berg in Neuseeland ihm zu Ehren als Mount Meyer. 1866 brachte er die „Bundescasse" vor den Preußen in Sicherheit, zunächst auf die Festung Ulm und dann nach Augsburg. Nach Kriegsende wickelte er die Liquidation der „Bundescasse" ab und wurde nach 30-jähriger Amtsführung zusammen mit den anderen Bundesbeamten pensioniert.

1868 erlitt Hermann von Meyer mehrere Schlaganfälle. Ein bösartiges Augenleiden erschwerte ihm das Lesen und Schreiben. Am 2. April 1869 starb er nach einem Schlaganfall.

In einem Nachruf über ihn ist zu lesen: „Die große Zahl seiner Mitbürger, welche dem schön gewachsenen Mann in schwarzem Anzuge und dem wegen mißgebildeter Füße beschwerlichen Gang, den er durch einen Stock unterstützen mußte, auf seinen täglichen Spaziergängen um die Stadt begegnete, kannte ihn wohl nur als Bundes-Cassier; nur die wenigsten wußten, welche hohe Stellung derselbe sich in der Gelehrtenwelt errungen hatte".

Das Unwissen über die große wissenschaftliche Leistung Hermann von Meyers ist bis heute geblieben. In gedruckten heutigen Lexika wird der bedeutendste Wirbeltierpaläontologie Deutschlands unverständlicherweise nicht erwähnt

Hermann von Meyer in reiferem Alter

Grabungsstelle Dorn-Dürkheim 1 (Kreis Mainz-Bingen) in Rheinhessen im Dezember 1974. Die erste Grabung von 1973 erfolgte am Oberrand der Sandgrube Giloth. Im Jahr darauf wurde ein weiter einwärts liegender Abschnitt ergraben, in dem eine fossilführende, brekzienartige Gipskonkretion zum Vorschein kam. Letztere war so hart, dass drum herum gegraben werden musste. Denn die weniger harten, teilweise aber auch sandig verbackenen lockeren Schichten gingen in den Gips über. Aus Sicherheitsgründen wurde die Grabungsstelle von Schreinern des Frankfurter Senckenberg-Museums verschalt.

Dorn-Dürkheim:
Artenvielfalt wie im Regenwald

Am 14. Dezember 1972 glückte dem Geographen Wolfgang Plass von der Universität Frankfurt am Main bei bodenkundlichen Untersuchungen in der Gegend von Dorn-Dürkheim (Kreis Mainz-Bingen) in Rheinland-Pfalz eine Entdeckung, von deren großer wissenschaftlichen Bedeutung er damals noch nichts ahnen konnte. Er war auf eine der artenreichsten Säugetier-Fundstellen Europas sowie auf die erste und bis heute einzige Fundstätte aus dem Turolium (8,7 bis 4,9 Millionen Jahre) in Deutschland gestoßen: Dorn-Dürkheim 1.
Plass informierte am Sonntagabend, 17. Dezember 1972, telefonisch den am Frankfurter Forschungsinstitut Senckenberg arbeitenden Paläontologen Jens Lorenz Franzen über seine Entdeckung. Er sagte, er habe in einer alten Sandgrube einige Spalten entdeckt, die voller Knochen und Zähne steckten und fragte Franzen, ob er daran interessiert sei. Bereits am folgenden Mittwoch, 20. Dezember, fuhr Franzen zusammen mit Plass und dessen Doktoranden H.-D. Scheer nach Dorn-Dürkheim. Bei dieser Begehung wurden Zahnfragmente von Tapir und Ur-Elefant (Mastodon) aufgelesen, die bei Franzen den Eindruck erweckten, eine neue Fundstelle in den Dinotheriensanden aufgespürt zu haben.
Am Zweiten Weihnachtsfeiertag 1972 besuchten Franzen sowie der Paläontologe Gerhard Storch und der damals als Präparator bei Senckenberg tätige Thomas Keller die Fundstelle in Dorn-Dürkheim, um dort in größerem Umfang Schlämmproben zu entnehmen. Bei einer zweiwöchigen Grabung des Forschungsinstitutes Senckenberg über Pfingsten stieß man im Juni 1973 auf eine außergewöhnliche Konzentration obermiozäner

*Grabungsstelle
Dorn-Dürkheim 1
am Oberrand
der Sandgrube
Giloth
im September
1975*

*Ausgräber und
Paläontologe
Gerhard Storch*

Wirbeltiere, insbesondere Säugetiere. Die Untersuchung der Kleinsäugerfauna durch Gerhard Storch führte bald zu der Erkenntnis, dass es sich bei der neuen Fundstelle nicht – wie ursprünglich vermutet – um eine weitere Dinotheriensand-Lokalität, sondern um die erste und bislang einzige turolische Fossillagerstätte Deutschlands handelt.

Innerhalb von fast 20 Grabungsjahren konnten an der Fundstelle Dorn-Dürkheim 1 – nur rund zwölf Kilometer nordöstlich von Eppelsheim entfernt – aus Ablagerungen des Ur-Rheins oder einem seiner Nebenflüsse nahezu 90 Säugetierarten nachgewiesen werden. Die Artenvielfalt aus der Dorn-Dürkheim-Formation entspricht fast derjenigen des heutigen afrikanischen Regenwaldes. Dorn-Dürkheim 1 gehört nicht zu den Fundstellen in den Dinotheriensanden, sondern dokumentiert eine Verlagerung des Ur-Rheins nach Osten. Unmittelbar danach sank vermutlich der nördliche Oberrheingraben stärker ab, so dass der Ur-Rhein sein Flussbett noch mehr in nordöstliche Richtung verlegte.

Zahlreiche Personen und Institutionen haben sich um die Erforschung der Fossilfundstelle Dorn-Dürkheim 1 große Verdienste erworben. Dazu gehören die Bürgermeister Günther (†) und Kärcher sowie die Winzerfamilien Giloth, Kammerschmitt und Plewa aus Dorn-Dürkheim, die in ihren Weingärten kostenlos Grabungen erlaubten. Andere versorgten die Ausgräber ständig mit frischem Wasser (Werner Biegler) oder stellten einen Stützpunkt bereit (Familie Oswald in Eimsheim).

In Dorn-Dürkheim 1 sind im Gegensatz zu Fundstellen in den Dinotheriensanden Rheinhessens – wie etwa Eppelsheim oder dem Wissberg bei Gau-Weinheim – mehr Kleinsäugetiere als Großsäugetiere entdeckt worden. Der Grund hierfür könnten die in Dorn-Dürkheim sehr wechselhaften Strömungsverhältnisse gewesen sein. Kieslager deuten in Dorn-Dürkheim auf ein kräftiges Fließgewässer hin, dazwischen auftretende Tone dagegen auf Stillwasserverhältnisse, die für die Ablagerung von Kleinsäugern günstig sind.

*Grabungsstelle Dorn-Dürkheim 1 im September 1975:
Rechts die harte, fossilführende, brekzienartige Gipskonkretion*

Die nur etwa 300 Quadratmeter große Fundstelle Dorn-Dürkheim 1 ist mit Hilfe des Ur-Rheins oder einem seiner Nebenflüsse entstanden. In einer Flussschlinge mit gelegentlicher Wasserführung wurde eine größere Menge von Knochen aus der Umgebung zusammengespült. Diese hatten teilweise schon länger im Einzugsbereich des Flusses an der Oberfläche gelegen, waren angenagt oder verwittert. Größtenteils aber handelt es sich um frische Fraßreste. Die Knochen und Gebissfragmente wurden zusammen mit einzelnen Geröllen in Sand eingebettet und im Laufe der Zeit von weiteren Ablagerungen bedeckt.
An der Fundstelle Dorn-Dürkheim 1 liegt eine Waldfauna vor, wie man sie zu dieser Zeit, dem Turolium, von gleichaltrigen Faunen in Spanien, Griechenland und der Türkei nicht mehr kennt. Die Tierwelt in den Mittelmeergebieten hatte im Obermiozän vor etwa acht Millionen Jahren bereits ausgesprochenen Steppencharakter. Die sich vom Mittelmeer nach Norden ausbreitende Trockenzone bewirkte einen tiefgreifenden Wandel in der Tierwelt. Der zuerst von Spanien ausgehende Wandel wird als „Vallesium Crisis" (Vallesium-Krise) bezeichnet. Das Vallesium (11,1 bis 8,7 Millionen Jahre) ist die Stufe, die dem Turolium vorher ging.
In der von den Ausgräbern Jens Lorenz Franzen und Gerhard Storch vom Frankfurter Forschungsinstitut Senckenberg zusammengestellten Faunenliste für die Fundstelle Dorn-Dürkheim 1 fällt der hohe Anteil von Raubtieren auf. Insgesamt kennt man von dort – nach Angaben des Frankfurter Paläontologen Michael Morlo – 23 Raubtier-Arten. Die Fossilien stammen von Säbelzahnkatzen, Hyänen, Katzenverwandten, Marderverwandten, Katzenbären und Bären.
Die Säbelzahnkatzen waren in Dorn-Dürkheim mit drei Arten vertreten (*Paramachairodus orientalis, Paramachairodus ogygius, Machairodus* cf. *aphanistus*). Davon hatte *Paramachairodus orientalis* im Obermiozän vor etwa zehn Millionen Jahren in Rheinhessen noch nicht existiert, sondern war erst später eingewandert. Dorn-Dürkheim 1 gilt als bisher nördlichster

Fundort dieser Säbelzahnkatze, die vor allem in Südeuropa und Asien verbreitet war.

Bei den Hyänen von Dorn-Dürkheim 1 gab es Arten, die aus zwei unterschiedlichen Linien stammen. Zur Linie der Hyaenidae gehören *Adcrocuta eximia, Protictitherium crassum* und *Thalassictis robusta*. Zur Linie der Percrocutidae zählen dagegen *Allohyaena kadici* und *Dinocrocuta* sp.

In Dorn-Dürkheim 1 fand man auch die zuvor bereits aus Griechenland (Samos, Pikermi), der Türkei (Karain, Kinik, Gülpinar), der Ukraine (Taraklia) und aus dem Iran (Maragha) bekannte primitive Katze *Felis attica*. Diese Art von der Größe einer Wildkatze war schon 1857 von dem deutschen Paläontologen Andreas Wagner (1797–1861) vom griechischen Fundort Pikermi beschrieben worden.

Marderverwandte waren in Dorn-Dürkheim 1 mit etlichen Arten vertreten: *Eomellivora wimani, Promeles palaeatticus, Baranogale* cf. *adroveri, ?Circamustela* sp. und *Martes* cf. *sansaniensis*. Marder sind vorwiegend Dämmerungs- und Nachttiere.

Der aus Eppelsheim bekannte räuberische Katzenbär (*Simocyon diaphorus*) kam auch in Dorn-Dürkheim 1 vor. Er gilt – wie erwähnt – als Vorfahre des vom Aussterben bedrohten Roten Panda (*Ailurus fulgens*), der auch Kleiner Panda genannt wird und heute noch in Asien existiert.

Die Bärenreste von Dorn-Dürkheim 1 konnten vier Arten zugeordnet werden: *Ursavus primaevus, Ursavus depereti, Indarctos arctoides* und *Indarctos atticus atticus*. Es handelte sich ausschließlich um Zahnfunde. *Ursus primaevus* hatte schätzungsweise ein Gewicht von ca. 150 Kilogramm. *Ursavus depereti* wog vielleicht etwa 570 Kilogramm.

Das Vorkommen erstaunlich vieler Säugetier-Arten in Dorn-Dürkheim 1 erhärtet die Annahme, dass die dortige Flussschlinge einst eine Tränke gewesen ist. Offenbar kamen in dieser Gegend zahlreiche Tiere zusammen, wodurch natürlich die Raubtiere angelockt wurden.

Für die einstige Nähe von Wasser am Fundort, der heute trocken liegt, weil der Rhein jetzt weiter östlich nach Norden fließt, spricht auch das Auftreten von fünf verschiedenen Biberarten (*Palaeomys castoroides, „Palaeomys" plassi, Castor neglectus, Trogontherium rhenanum, Dipoides problematicus*) und ein Desman (*Archaeodesmana vinea*) in Dorn-Dürkheim. Von der etwas älteren Fundstelle Eppelsheim dagegen kennt man nur eine einzige Biberart (*Palaeomys castoroides*). Mit dem Artnamen *Palaeomys plassi* wurde der Entdecker der Fundstelle Dorn-Dürkheim 1, Wolfgang Plass, geehrt.

Desmane sind wasserbewohnende Maulwürfe, die auch Bisamrüssler genannt werden. Solche Tiere kommen gegenwärtig noch in Mittelrussland und auf der Pyrenäen-Halbinsel vor. Als feuchtigkeitsliebend gelten zudem das Schwein *Microstonyx erymanthius* und die mit zwei Gattungen ebenfalls in Dorn-Dürkheim 1 nachgewiesenen Tapire (*Tapiriscus, Tapirus*). Andere Fossilfunde, wie die Hörnchen *Pliopetaurista, Pliopetes, Blackia, Miopetaurista* sowie die kleinwüchsigen Hirsche *Micromeryx, Cervavitulus, Procapreolus* und *Dorcatherium*, müssen als ausgesprochene Waldbewohner angesehen werden. Im Wald um Dorn-Dürkheim lebten offenbar auch die Schlafmäuse *Muscardinus* und *Glis*, die Hüpfmaus *Eozapus*, die erwähnten vier Bärenarten, die Rüsseltiere *Deinotherium giganteum, Tetralolophodon longirostris, Anancus arvernensis turoliensis, Stegotetralophodon lehmanni* und *Stegolophodon caementifer*, die Tapire *Tapiriscus pannonicus* und *Tapirus priscus* sowie das krallenfüßige „Huftier" *Chalicotherium goldfussi*.

Die Rüsseltiere von Dorn-Dürkheim 1 wurden von dem lybischen Paläontologen Abdel Wahid-Gaziry († 1989) wissenschaftlich untersucht. Er erkannte und beschrieb drei neue Unterarten: *Anancus arvernensis turoliensis* (nach dem turolischen Vorkommen in den Ablagerungen von Dorn-Dürkheim 1), *Stegotetralophodon lehmanni* (zu Ehren des Hamburger Paläontologen Ulrich Lehmann) und *Stegolophodon caementifer*

(lateinisch: caementifer = Zementträger, nach den Zementanlagerungen der Backenzähne)

Die Fossilfunde von Dorn-Dürkheim 1 deuten auf eine ausgedehnte, gewässerreiche und dicht bewaldete Tallandschaft hin. Das Vorkommen der Hyänen sowie von zwei Arten des grasfressenden Ur-Pferdes *Hippotherium* (früher *Hipparion*) spricht aber dafür, dass die Tallandschaft in einem Steppen-Savannen-Biotop eingebettet war, von dem aus vereinzelt Tiere auf Beutesuche oder zur Tränke vordrangen.

Nur ungenau können die Klimaverhältnisse zu Lebzeiten der Dorn-Dürkheimer Tierwelt beschrieben werden. Das vereinzelte Vorkommen von Krokodilzähnen (*Diplocynodon*) würde zumindest auf subtropische Verhältnisse hinweisen, doch diese Funde scheinen aus älteren Schichten zu stammen und lediglich umgelagert zu sein. Aber auch die Existenz von Hyänen, Rüsseltieren, Nashörnern (*Aceratherium incisivum, Lartetotherium schleiermacheri, Alicornops alfambrensis*), Tapiren und Waldantilopen (*Miotragocerus pannoniae*) weckt exotische Vorstellungen von den damaligen Lebensbedingungen.

Menschenaffen wie bei Eppelsheim gab es in Dorn-Dürkheim 1 nicht mehr. Ihr Abwandern aus Europa könnte die Folge eines Temperaturrückgangs und des vielleicht damit verbundenen Verschwindens bestimmter Nahrungspflanzen gewesen sein. Die ursprünglich vorherrschenden immergrünen Wälder wurden damals von laubabwerfenden sommergrünen Wäldern verdrängt.

Paläotemperaturbestimmungen anhand des von der Temperatur abhängigen Sauerstoff-Isotopen-Verhältnisses aus etwa gleichaltrigen Mollusken-Schalen des Nordseebeckens deuten auf mittlere Jahrestemperaturen von sieben bis zehn Grad Celsius hin. Dies würde bedeuten, dass vor etwa 8,5 Millionen Jahren in Dorn-Dürkheim weitgehend ein Klima wie das gegenwärtige herrschte.

Die Tierwelt von Dorn-Dürkheim 1 ist ein wenig fortschrittlicher als die der etwas älteren klassischen Dinotheriensande bei

Eppelsheim und auf dem Wissberg bei Gau-Weinheim in Rheinhessen, die in das Vallesium eingestuft werden. Dies zeigen Überreste von Arten, die in den Dinotheriensanden Rheinhessens noch nicht vertreten sind. Zu den inzwischen höher entwickelten oder eingewanderten Arten zählen unter den Kleinsäugetieren die Maus *Parapodemus lugdunensis* und der Hamster *Kowalskia*, unter den Großsäugetieren die Hyäne *Adcrocuta eximia*, der Bär *Indarctos atticus*, das Schwein *Microstonyx erymanthius*, der Zwergtapir *Tapiriscus pannonicus* sowie die Zwerghirsche *Cervavitulus mimus* und *Procapreolus concudensis*. Außerdem sind die Rüsseltiere *Deinotherium giganteum* und *Tetralophodon longirostris* durch besonders progressive Varianten vertreten.

Auch das Nebeneinander von zumindest zwei Ur-Pferd-Arten (*Hippotherium primigenium, Hippotherium kammerschmittae*) und das Auftreten des großen Rüsseltieres *Stegotetrabelodon lehmanni* gelten als typisch für den jüngsten Abschnitt des Obermiozäns, das Turolium. Als Turolium bezeichnet man Säugetierfaunen, die jener im Calatayud-Teruel-Becken östlich von Madrid in Spanien entsprechen. Die Stufe Turolium wurde 1965 von dem spanischen Paläontologen Miguel Crusafont Pairó (1910–1983) vorgeschlagen. Sie beruht auf dem lateinischen Namen von Teruel.

Der Beginn (Untergrenze) des Turolium (etwa 8,7 bis 4,9 Millionen Jahre) ist durch das Einsetzen der Großsäugetiere *Birgerbohlinia* (Rindergiraffe) und *Lucentia* (Hirsch) sowie der Kleinsäugetiere *Parapodemus lugdunensis, Huerzelerimys vireti* und *Occitanomys* markiert. Das Ende des Turolium bzw. der Beginn des Ruscinium (4,9 bis 3,5 Millionen Jahre) sind durch das Erstauftreten der Großsäugetiere *Sus arvernensis* (Schwein), *Croizetoceros* (Hirsch), *Acinonyx* (Gepard) und *Felis issiodorensis* (Luchs) sowie des Kleinsäugetieres *Celadensia* gekennzeichnet.

Die Zeit des Turolium war in Mittel- und Südeuropa durch das Vordringen offener Steppen- und Savannenlandschaften auf

Thomas Keller entdeckte bei einer geologischen Kartierungsarbeit in etwa 250 Meter Entfernung von Dorn-Dürkheim 1 die Fundstelle Dorn-Dürkheim 2 und nach weiteren rund 500 Metern die Fundstelle Wintersheim. An beiden Lokalitäten kamen Tierreste aus dem Eiszeitalter vor etwa 800.000 Jahren zum Vorschein. Auf dem Foto oben arbeitet Keller in einer anderen berühmten Fundstelle aus dem Eiszeitalter, nämlich in den etwa 600.000 Jahre alten Mosbach-Sanden von Wiesbaden.

Kosten ursprünglich vorherrschender Urwälder gekennzeichnet. Die noch waldreiche Umgebung von Dorn-Dürkheim gehörte damals zu einem Gebiet, in dem der Muntjakhirsch *Micromeryx erymanthius* und das Wassermoschustier *Dorcatherium naui* überlebten, die anderswo schon ausgestorben waren. Neu hinzu kamen Gattungen, die – wie der Zwergtapir *Tapiriscus* und der kleinwüchsige Hirsch *Cervavitulus mimus* – als typische Waldbewohner von den aus südlicher Richtung vordringenden Steppen und Savannen in unsere Breiten abgedrängt wurden.

Zeitlich mit Dorn-Dürkheim 1 vergleichbare Faunen gab es bei Pikermi in der Nähe von Athen in Griechenland und auf der Insel Samos.

Zur Pikermi-Fauna in der Schlucht des Megalorhevmabaches gehörten Rüsseltiere, Nashörner, Schweine, Ur-Pferde, Antilopen, kurzhalsige Giraffen, krallenfüßige Huftiere, Hyänen, Säbelzahnkatzen und Affen (*Mesopithecus pentelici*). Bei Pikermi hatte schon 1835 der englische Archäologe George Finlay (1799–1875) fossile Knochen entdeckt. Der Fundreichtum wurde mit Steppenbränden erklärt, bei denen flüchtende Tiere über Steilhänge in den Tod gestürzt seien.

Auf Samos sind schon im Altertum Fossilien geborgen und von den alten Griechen als Reste von Amazonen (kriegerische Frauen) oder Neaden (wilde Bestien) fehlgedeutet worden. Zwischen den fossilführenden Schichten auf Samos befinden sich vulkanische Aschenlagen, die sich exakt auf 8,5 Millionen Jahre datieren ließen. Von daher wurde die absolute Datierung auf Dorn-Dürkheim 1 übertragen.

In etwa 250 Meter Entfernung von Dorn-Dürkheim 1 entdeckte der Paläontologe Thomas Keller bei einer geologischen Kartierungsarbeit die Fundstelle Dorn-Dürkheim 2 und nach weiteren rund 500 Metern die Fundstelle Wintersheim. Keller machte diese Fundstellen 1982 und 1984 bekannt. An beiden Lokalitäten wurden Tierreste aus dem Eiszeitalter vor etwa 800.000 Jahren geborgen.

Im Sommer 1989 stieß Jens Lorenz Franzen bei der Fortsetzung der Grabungen an der rund 8,5 Millionen Jahre alten Fundstelle Dorn-Dürkheim 1 aus dem Obermiozän direkt darüber auf eine Fundstätte aus dem Eiszeitalter vor etwa 800.000 Jahren. Diese als Dorn-Dürkheim 3 bezeichnete Fundstelle war mit Knochen und Zähnen großer und kleiner Säugetiere gespickt. Bisher konnte man dort 16 Säugetierarten nachweisen: Elefanten, Nashörner, Wildpferde, Wisente, Hirsche, Raubtiere und Wühlmäuse.

Wie die teilweise sehr großen Knochen und Zähne an die drei Fundstellen Dorn-Dürkheim 2, Wintersheim und Dorn-Dürkheim 3 gelangt sind, ist bisher ein Rätsel. Erklärt wurde dies sehr unterschiedlich mit einem plötzlichen Schneesturm, einem Elefantenfriedhof, einem Elefantenschlachtplatz von Frühmenschen oder Überschwemmungskatastrophen, bei denen am Ufer einer Insel im riesigen Süßwassersee Tierkadaver zusammengespült wurden.

Dass sich damals bei Dorn-Dürkheim auch Ur-Menschen aufgehalten haben, belegen zwei Steinwerkzeuge im dortigen Fundgut, die der Marburger Prähistoriker Lutz Fiedler 2002 identifizierte. An der Existenz eines Süßwassersees im Eiszeitalter vor rund 800.000 Jahren in der Gegend von Dorn-Dürkheim besteht inzwischen kein Zweifel mehr. Dieser Rheinhessensee wurde offenbar vom damaligen Rhein aufgestaut.

1996 mussten die Grabungen im Gebiet von Dorn-Dürkheim eingestellt werden, weil sonst den Winzern aufgrund von Bestimmungen der Europäischen Union das Pflanzrecht entzogen worden wäre. Da sich das Forschungsinstitut Senckenberg schon seit den 1970-er Jahren für Grabungen in den Dinotheriensanden bei Eppelsheim (auch von Westhofen) interessierte und gegen Ende der 1980-er Jahre vom Interesse des damaligen Bürgermeisters Heiner Roos an solchen Grabungen erfahren hatte, entschloss man sich, Erkundungen bei Eppelsheim durchzuführen. Diese Grabungen führten zur Wiederentdeckung der Dinotheriensande bei Eppelsheim durch Jens Lorenz Franzen.

*Szene aus dem Eiszeitalter
vor etwa 600.000 Jahren im Rhein-Main-Gebiet:
Frühmenschen, Affen, Nashorn und Gepard*

Pariser Paläontologe Georges Cuvier (1769–1832)

Daten und Fakten

18. Jahrhundert: In Sandgruben bei Eppelsheim werden beim Abbau von Sand für Bauzwecke die ersten Fossilien entdeckt. Die Sandgräber zerstören mutwillig die von ihnen für wertlos gehaltenen „Hundsknochen" bzw. „alten Schindangersknochen".

1782–1786: Der Darmstädter Kriegsrat und Schriftsteller Johann Heinrich Merck (1741–1791) erwähnt in einem Briefwechsel mit dem Dichter und Naturwissenschafter Johann Wolfgang von Goethe (1749–1832) die Fundstelle im Gewann „Jörgenbauer" bei Eppelsheim.

1806: Der französische Paläontologe Georges Cuvier (1769–1832) aus Paris beschreibt das Rüsseltier *Gomphotherium angustidens* nach einem Fund aus Simorre in Südfrankreich. Dieses Rüsseltier ist auch in Eppelsheim, Esselborn und am Wissberg bei Gau-Weinheim nachgewiesen. Cuvier gilt als Begründer der Wirbeltierpaläontologie.

Ab 1817: Die ersten Sendungen von Resten fossiler Säugetiere aus Sandgruben bei Eppelsheim gehen im „Großherzoglichen Naturalien-Cabinet" in Darmstadt ein.

1820: In einer Sandgrube im Gewann „Jörgenbauer" bei Eppelsheim glückt der weltweit erste historische Fund eines Menschenaffen (*Paidopithex rhenanus*). Dabei handelt es sich um einen etwa 28 Zentimeter langen Oberschenkelknochen. Der Fund wird in der Folgezeit unterschiedlich gedeutet und benannt.

1828: Der Darmstädter Paläontologe Johann Jakob Kaup (1803–1873) erhält Unterkieferteile des Rüsseltieres *Deinotherium giganteum* und deutet diesen Fund wegen der Form der Backenzähne irrtümlich als riesenhaften Tapir.

1829: Johann Jakob Kaup beschreibt das Rüsseltier *Deinotherium giganteum* („Riesiges Schreckenstier") aus Eppelsheim. Reste dieses Rüsseltieres kamen auch in Westhofen, Esselborn, Gau-Weinheim und am Wissberg bei Gau-Weinheim zum Vorschein.

1829: Der Paläontologe Hermann von Meyer (1801–1869) aus Frankfurt am Main beschreibt anhand eines Unterkieferfragments aus Eppelsheim das dreihufige Ur-Pferd *Equus hippotherium*. Dieses Ur-Pferd wird später *Hipparion primigenium* (griechisch: hipparion = Pferdchen) genannt. Heute ist die Bezeichnung *Hippotherium primigenium* üblich. Dieses Ur-Pferd ist auch aus Esselborn bekannt.

1831: Hermann von Meyer beschreibt das Rüsseltier *Prodeinotherium bavaricum* (früher *Deinotherium bavaricum* genannt). Ihm hat vermutlich ein Fund aus Georgensgmünd in Bayern vorgelegen. *Prodeinotherium bavaricum* ist auch aus Eppelsheim, Esselborn, Gau-Weinheim und vom Steinberg bei Sprendlingen nachgewiesen.

1832: Johann Jakob Kaup beschreibt das Raubtier *Simocyon diaphorus*, das heute als Katzenbär und Vorfahre des Roten Panda in Asien gilt, die Säbelzahnkatzen *Machairodus aphanistus* und *Paramachairodus ogygius*, den Biber *Palaeomys castoroides*, das Rüsseltier *Tetralophodon longirostris*, das hornlose Nashorn *Aceratherium incisivum* und das doppelhornige Nashorn *Dihoplus schleiermacheri*. Der Katzenbär *Simocyon diaphorus* und die Säbelzahnkatze *Machairodus aphanistus* sind aus Eppelsheim nachgewiesen. Die Säbelzahnkatze *Parama-

chairodus ogygius und den Biber *Palaeomys castoroides* kennt man aus Eppelsheim und Esselborn. Fundorte des Rüsseltieres *Tetralophodon longirostris* sind Westhofen, Eppelsheim, Esselborn, Gau-Weinheim und der Wissberg bei Gau-Weinheim. Das hornlose Nashorn *Aceratherium incisivum* entdeckte man in Westhofen, Eppelsheim, Esselborn, in Gau-Weinheim und am Wissberg bei Gau-Weinheim. Das doppelhornige Nashorn *Dihoplus schleiermacheri* gehört zum Fundgut von Eppelsheim, Esselborn, Gau-Weinheim und vom Wissberg bei Gau-Weinheim.

1832: Johann Jakob Kaup nennt die 1829 von ihm als *Deinotherium* beschriebene Gattung erstmals *Dinotherium*. Aus diesem Grund findet man heute zwei Schreibweisen in der Literatur. Aber nur die Erste ist die Richtige.

1833: Johann Jakob Kaup beschreibt den Bärenhund *Agnotherium antiquum*, die Tapire *Tapirus priscus* und *Tapirus antiquus*, das krallenfüßige Huftier *Chalicotherium goldfussi*, die Schweine *Propotamochoerus palaeochoerus* und *Microstonyx antiquus* sowie die Gabelhirsche *Amphiprox anocerus* und *Euprox dicranocerus*. Der Bärenhund *Agnotherium antiquum* ist aus Eppelsheim bekannt. Die Tapire *Tapirus priscus* und *Tapirus antiquus* wies man in Gau-Weinheim und am Wissberg bei Gau-Weinheim nach. Das Krallenhuftier *Chalicotherium goldfussi* zählt zum Fundgut von Eppelsheim, Esselborn und vom Wissberg bei Gau-Weinheim. Die Schweine *Propotamochoerus palaeochoerus* und *Microstonyx antiquus* entdeckte man in Eppelsheim. Reste des Gabelhirsches *Amphiprox anocerus* barg man in Eppelsheim und Esselborn. Der Gabelhirsch *Euprox dicranocerus* ist vom Wissberg bei Gau-Weinheim belegt.

1833: Bei Eppelsheim wird eine vollständige Unterkieferhälfte des Rüsseltieres *Deinotherium giganteum* gefunden, an der Johann Jakob Kaup zum ersten Mal bemerkt, dass die Stoßzähne nach unten ragen.

1834: Johann Jakob Kaup beschreibt das kurzbeinige, hornlose Nashorn *Brachypotherium goldfussi* und das geweihlose Wassermoschustier *Dorcatherium naui*. Fundorte des hornlosen Nashorns *Brachypotherium goldfussi* sind Eppelsheim, Esselborn, Gau-Weinheim und der Wissberg bei Gau-Weinheim. Das geweihlose Wassermoschustier *Dorcatherium naui* kennt man aus Eppelsheim, Esselborn, Gau-Weinheim und vom Wissberg bei Gau-Weinheim.

1835: In einer von dem Gießener Mineralogen August von Klipstein (1801–1894) eigens für Grabungen gepachteten Sandgrube im Gewann „Jörgenbauer" bei Eppelsheim wird ein Oberschädel des „Schreckenstieres" entdeckt und mit Hilfe von Johann Jakob Kaup mühsam geborgen. Der zunächst unterschiedlich gedeutete Fund stammt vom riesigen Rüsseltier *Deinotherium giganteum*.

1836: August von Klipstein und Johann Jakob Kaup beschreiben in deutscher und französischer Sprache den ein Jahr zuvor entdeckten Oberschädel des „Schreckenstieres" von Eppelsheim.

1837: Kaup und Klipstein bringen den Oberschädel des „Schreckenstieres" von Eppelsheim nach Paris, wo er er am 15. und 16. März ausgestellt wird und die Akademie zum Kauf bewegen soll, was aber nicht gelingt.

1839: Johann Jakob Kaup beschreibt den Zwerghirsch „*Cervus*" *nanus*. Fundorte in Rheinhessen sind Eppelsheim und der Wissberg bei Gau-Weinheim.

1841: Johann Jakob Kaup deutet die Kralle des krallenfüßigen

Huftieres *Chalicotherium goldfussi* als Teil eines Riesenschuppentieres (Manidae), das sich von Ameisen ernährt.

1844: Ernst Schleiermacher, der erste Direktor des Großherzoglichen „Naturalien-Cabinets" in Darmstadt und Chef des Paläontologen Johann Jakob Kaup, stirbt am 20. April 1844 im Alter von 89 Jahren in Darmstadt. Er hat den hohen wissenschaftlichen Wert der Fossilien aus den Dinotheriensanden in Rheinhessen erkannt und Kaup mit der wissenschaftlichen Bearbeitung der Funde aus Eppelsheim betraut,

1844: Johann Jakob Kaup schreibt über Eppelsheim: „Diese Fundstätte übertrifft durch die Reichhaltigkeit ihrer gigantischen, wie ihrer kleinen Formen alle Fundstätten, die bis jetzt auf der ganzen Erdrinde bekannt sind."

1844: Der Genfer Paläontologe François Jules Pictet (1809–1872) bildet das „Schreckenstier" von Eppelsheim als Riesentapir und Riesenseekuh ab.

1849: Der Oberschädel des „Schreckenstieres" (*Deinotherium giganteum*) von Eppelsheim wird in London erfolglos zum Kauf angeboten.

1850: Der französische Paläontologe Paul Gervais (1816–1879) aus Montpellier (später in Paris) beschreibt die schakalähnliche Hyäne *Ictitherium robustum*. Dieses Raubtier ist auch aus Eppelsheim bekannt.

1851: Hermann von Meyer beschreibt den hirschgroßen Giraffenverwandten *Palaeomeryx eminensis*, der in Rheinhessen nur aus Esselborn nachgewiesen ist.

1851: Der französische Rechtsanwalt und Prähistoriker Édouard Lartet (1801–1871) aus Paris beschreibt das Schwein *Conohyus simorrensis* aus Simorre in Südfrankreich. Dieses Schwein ist aus Eppelsheim und Gau-Weinheim bekannt.

1853: In Prag wird ein Skelett des *Deinotherium* entdeckt, aber nur unvollständig geborgen. Reste des Gebisses und der elefantenartigen Langknochen widerlegen die Theorie, das „Schreckenstier" von Eppelsheim sei eine Seekuh.

1859: Der Berliner Paläontologe Reinhold Hensel (1826–1881) beschreibt den Gabelhirsch *Euprox furcatus* aus Schlesien. Funde dieser Art kennt man auch aus Eppelsheim und Esselborn.

1861: Johann Jakob Kaup bildet erstmals den 1820 bei Eppelsheim entdeckten Oberschenkelknochen eines Menschenaffen ab, der in der Folgezeit unterschiedlich gedeutet und benannt wird.

1861: Der französische Arzt Claude Jourdan (1803–1873) aus Lyon beschreibt das Rüsseltier *Deinotherium levius*, das heute als Synonym von *Deinotherium giganteum* gilt. Funde dieser Art liegen aus Eppelsheim, Esselborn und Gau-Weinheim vor.

1866: Auf der „Geologischen Specialkarte des Grossherzogthums Hessen und der angrenzenden Landesgebiete im Maasstabe von 1:50000" für die „Section Alzey" des Darmstädter Kriegsrates und Geologen Rudolf Ludwig (1812–1880) aus Darmstadt werden die Dinotheriensande als Flussablagerungen gedeutet.

Um 1866: August von Klipstein verkauft den Oberschädelfund des Rüsseltieres *Deinotherium giganteum* an Thomas B. Oldham (1816–1878), den Direktor des Geologischen Dienstes in Indien.

1867: Thomas B. Oldham übergibt den Oberschädel des „Schreckenstieres" zusammen mit weiteren Funden aus den Dinotheriendsanden an das British Museum (Natural History) in London. Große Teil seiner übrigen Sammlung werden nach Kalkutta (Indien) gebracht.

1873: Der Paläontologe und Zoologe Johann Jakob Kaup, der sich um die Erforschung der Fossilien aus den Dinotheriensanden in Rheinhessen verdient gemacht hat, stirbt am 4. Juli 1873 im Alter von 70 Jahren in Darmstadt.

1883: In Franzensbad wird ein nahezu vollständiges Skelett ohne Schädel einer kleinen Art des Rüsseltieres *Deinotherium* entdeckt, die eine Schulterhöhe von ca. 2,60 Meter und eine Länge von etwa 3,20 Meter erreicht. Nach der Größe dieses Tieres und der Form seiner Knochen zu schließen, handelt es sich bei *Deinotherium* eindeutig um einen Verwandten der Elefanten. Dieser Fund wird im Naturhistorischen Museum Wien aufbewahrt.

1890: Der englische Zoologe und Paläontologe Richard Lydekker (1849–1915) aus London beschreibt den Fischotter *„Lutra" hessica*. Bei der wissenschaftlichen Untersuchung liegt ihm ein Fund aus dem Gewann „Jörgenbauer" bei Eppelsheim vor.

1892: Das Großherzogliche Museum Darmstadt erwirbt für 900 Reichsmark mehrere Funde aus Eppelsheim wie ein Oberkiefer- und ein Unterkieferfragment von einem Mastodonten sowie mehrere Zähne von Rüsseltieren und Nashörnern.

1895: Der Bonner Paläontologe Hans Pohlig (1855–1937) beschreibt den 1820 bei Eppelsheim entdeckten Oberschenkelknochen eines Menschenaffen als *Paidopithex rhenanus*. In derselben Publikaktion bezeichnet der holländische Paläontologe Eugène Dubois (1858–1940) diesen Fund als *Pliohylobates*.

Rekonstruktion des Paläontologen Othenio Abel (1875–1946) von Deinotherium giganteum aus dem Jahre 1919

1901: Der Münchner Paläontologe Max Schlosser (1854–1940) beschreibt den 1820 entdeckten Oberschenkelknochen eines Menschenaffen aus Eppelsheim und die in süddeutschen Bohnerzen geborgenen Backenzähne als *Dryopithecus rhenanus*.

1908: Der Geologe Carl Mordziol (1886–1958) schreibt, dass ein größeres Stromsystem aus südwestlicher oder südlicher Richtung das Material der Dinotheriensande ablagerte. Und er spricht von einem Stromsystem, das „auch in ähnlicher Richtung wie der heutige Rhein in das Schiefergebirge eintrat" und vom „unterpliocänen Rhein".

1913: Im Großherzoglichen Museum Darmstadt werden von 1817 bis 1913 insgesamt 817 Fossilien aus Eppelsheim und 1230 aus Esselborn registriert.

1919: Der österreichische Paläontologe Othenio Abel (1875–1946) rekonstruiert das Rüsseltier *Deinotherium* mit für Elefanten typischen großen Ohren.

1922: Der Rostocker Paläontologe Hans Klähn (1884–1993) beschreibt das Rüsseltier *Stegotetrabelodon gigantorostris* nach einem Fund aus Kahlig bei Bermersheim in Rheinhessen.

Ende der 1920-er Jahre: Die letzten Sandgruben im Gewann „Jörgenbauer" bei Eppelsheim werden aufgegeben, verfallen und geraten in Vergessenheit.

1930: Der Darmstädter Paläontologe Karl Weitzel (1890–1949) beschreibt den Bärenhund *Amphicyon eppelsheimensis* aus Eppelsheim. Fossilien dieses Raubtieres fand man auch in Gau-Weinheim und am Wissberg bei Gau-Weinheim.

1931: Im Inventarbuch des Hessischen Landesmuseums Darm-

*Budapester Geologe Miklós Kretzoi
(1907–2005)*

stadt wird zum letzten Mal ein Fund aus Eppelsheim eingetragen.

1935: Der Darmstädter Paläontologe Oskar Haupt (1878–1949) beschreibt anhand eines Eckzahns aus Eppelsheim den Menschenaffen *Rhenopithecus eppelsheimensis*.

1936: Der Berliner Geologe Joachim Bartz (1910–1998) veröffentlicht seine Publikation „Das Unterpliocän in Rheinhessen".

1938: Der Heidelberger Paläontologe Wilhelm Freudenberg (1881–1960) deutet einen Zahnfund vom Wissberg bei Gau-Weinheim als Rest eines Riesenmenschen aus der Tertiärzeit vor etwa zehn Millionen Jahren, den er *Gigantanthropus* nennt.

1941: Der ungarische Paläontologe Miklós Kretzoi (1907–2005) aus Budapest beschreibt die Waldantilope *Miatrogocerus pannoniae* aus Sopron in Ungarn. Diese Waldantilope kam auch in Eppelsheim und am Wissberg bei Gau-Weinheim vor.

1954: Der schweizerische Paläontologe Johannes Hürzeler (1908–1995) aus Basel bezeichnet einen 1935 von Oskar Haupt beschriebenen Menschenaffen-Eckzahn aus Eppelsheim als *Pliopithecus eppelsheimensis*.

1956: Der Paläontologe Gustav Heinrich Ralph von Koenigswald (1902–1982) verwendet für den 1935 von Oskar Haupt beschriebenen Menschenaffen-Eckzahn aus Eppelsheim sowie für einen Backenzahn vom Wissberg bei Gau-Weinheim den Gattungsnamen *Rhenopithecus*.

7. Dezember 1972: Der Geograph Wolfgang Plass von der Universität Frankfurt am Main entdeckt bei bodenkundlichen Untersuchungen die Fundstelle Dorn-Dürkheim 1, die mit einem

Alter von etwa 8,5 Millionen Jahren etwas jünger als Eppelsheim ist.

1980: Der Mainzer Paläontologe Heinz Tobien (1911–1993) revidiert eine Liste der Säugetierarten aus den Dinotheriensanden in Rheinhessen. Von den insgesamt 46 an verschiedenen Dinotheriensand-Fundorten in Rheinhessen nachgewiesenen Arten sind aus Eppelsheim 31 bekannt.

1989: Die Mainzer Studentin Barbara Meller entdeckt bei Sprendlingen (Kreis Mainz-Bingen) in Tonlinsen des Dinotheriensandes eine Blätterflora.

1996: Die Paläontologen Jens Lorenz Franzen und Gerhard Storch vom Frankfurter Forschungsinstitut Senckenberg entdecken bei Bohrungen im Gewann „Auf dem Alzeyer Weg" bei Eppelsheim die Dinotheriensande wieder und starten am 11. September 1996 im Auftrag des rheinland-pfälzischen Landesamtes für Denkmalpflege eine zweiwöchige Probegrabung. Bereits am ersten Tag entdeckt die französische Mitarbeiterin Sophie Montuire ein größeres Bruchstück vom Zahn eines Rüsseltieres.

1997: Der Mainzer Geologe Winfried Kuhn äußert nach Funden von Sinterkalk auf der Grabungsstelle im Gewann „Auf dem Alzeyer Weg" bei Eppelsheim die Vermutung, der Ur-Rhein könne in dieser Gegend durch eine Höhle geflossen sein. Später rückt er von dieser Theorie wieder ab.

1998: An der Grabungsstelle im Gewann „Auf dem Alzeyer Weg" bei Eppelsheim wird im ehemaligen Flussbett des Ur-Rheins ein etwa 35 Kubikmeter großer Kalkklotz entdeckt. Er besteht aus rund 20 Millionen Jahre alten Inflataschichten und ist damit etwa doppelt so alt wie der Ur-Rhein. Diesen Klotz deutete man kurze Zeit als Relikt der Decke einer eingestürzten

Karsthöhle. Man glaubte deswegen vorübergehend, der Ur-Rhein sei in diesem Bereich ein Höhlenfluss gewesen.

1998: Der Diplom-Ingenieur Ansgar Hemm aus Usingen/Taunus fotografiert bei einem seiner Flüge die Grabungsstelle des Frankfurter Forschungsinstituts Senckenberg im Gewann „Auf dem Alzeyer Weg" bei Eppelsheim aus der Luft.

1999: Das Naturhistorische Museum Mainz / Landessammlung für Naturkunde Rheinland-Pfalz beteiligt sich an den Grabungen im Gewann „Auf dem Alzeyer Weg" bei Eppelsheim.

2000: Von 1996 bis 2000 werden bei den Grabungen im Gewann „Auf dem Alzeyer Weg" bei Eppelsheim 2255 fossile Wirbeltierreste geborgen.

2000: Bei einer Grabung des Frankfurter Forschungsinstituts Senckenberg im Gewann „Auf dem Alzeyer Weg" bei Eppelsheim wird ein halber Fingerknochen von einem Menschenaffen (*Dryopithecus* sp.) entdeckt.

2000: Bei einer Grabung des Frankfurter Forschungsinstituts Senckenberg im Gewann „Auf dem Alzeyer Weg" bei Eppelsheim wird erstmals der bereits von anderen Fundstellen bekannte Maulwurf *Talpa vallesensis* nachgewiesen.

2000: Jens Sommer entdeckt bei einer Grabung des Frankfurter Forschungsinstituts Senckenberg im Gewann „Auf dem Alzeyer Weg" bei Eppelsheim den linken Unterkieferast eines unbekannten spitzmausähnlichen Insektenfressers (*Plesiosorex roosi*).

11. August 2001: In Eppelsheim wird in Anwesenheit des rheinland-pfälzischen Innenministers Walter Zuber sowie zahlreicher Ehrengäste aus dem In- und Ausland das Dinotherium-

Museum eröffnet. Der Paläontologe Jens Lorenz Franzen hält den Festvortrag.

2001: Der Frankfurter Paläontologe Ottmar Kullmer entdeckt bei einer Grabung im Gewann „Auf dem Alzeyer Weg" bei Eppelsheim Fragmente eines spitzmausähnlichen Insektenfressers (*Crusafontina kormosi*).

2003: Bei den Grabungen im Gewann „Auf dem Alzeyer Weg" bei Eppelsheim wird erstmals ein größeres Rückenpanzerfragment einer Weichschildkröte gefunden. Das Tier hatte zu Lebzeiten eine Kopfrumpflänge von mehr als einem Meter.

2003: Jens Lorenz Franzen, Gerhard Storch und Oldrich Fejfar beschrieben einen bis dahin unbekannten spitzmausähnlichen Insektenfresser namens *Plesiosorex roosi* aus Eppelsheim. Der Artname *roosi* erinnert an Altbürgermeister Heiner Roos aus Eppelsheim.

2005: Ein Grabungsteam des Naturhistorischen Museums Mainz / Landessammlung für Naturkunde Rheinland Pfalz entdeckt im Gewann „Auf dem Alzeyer Weg" bei Eppelsheim den Unterkiefer des Raubtieres *Simocyon diaphorus*. Der seltene Fund ist weltweit das einzige Original-Belegstück für die Existenz dieser Art und gibt Auskunft über die frühe Entwicklungsphase der Katzenbären.

2006: Im Naturhistorischen Museum Mainz befinden sich im Frühjahr 2006 bereits 5432 Einzelfragmente von Wirbeltierfossilien aus den Dinotheriensanden.

2007: Jens Sommer legt seine Doktorarbeit „Sedimentologie, Taphonomie und Paläoökologie der miozänen Dinotheriensande von Eppelsheim/Rheinhessen" beim Fachbereich Geowissenschaften der Johann Wolfgang Goethe Universität vor.

Blick in die am 11. August 2001 eröffnete Ausstellung des Dinotherium-Museums in Eppelsheim

Bergung schwergewichtiger Rüsseltier-Funde an der Grabungsstelle des Frankfurter Forschungsinstitutes Senckenberg im Gewann „Auf dem Alzeyer Weg" bei Eppelsheim im Jahre 1999. Dabei kam sogar ein Kran zum Einsatz.

Fundorte am Ur-Rhein und dort entdeckte Tierarten

So genannte Faunenlisten über die in den etwa zehn Millionen Jahre alten Dinotheriensanden entdeckten Tierarten sind ständigen Veränderungen unterworfen. Sie werden revidiert, weil manchmal verschiedene Gattungen oder Arten in Wirklichkeit nur eine sind. Mitunter stellt sich auch heraus, dass ein bisher verwendeter Gattungs- oder Artname durch einen noch früher vorgeschlagenen ersetzt werden muss. Zudem kommen durch Neufunde weitere Gattungen oder Arten dazu.
Als Grundlage für das Kapitel „Fundorte am Ur-Rhein und dort entdeckte Tierarten" diente weitgehend die Dissertation „Sedimentation, Taphonomie und Paläoökologie der miozänen Dinotheriensande von Eppelsheim/Rheinhessen" des Geologen Jens Sommer aus Hannover zur Erlangung des Doktorgrades der Naturwissenschaften aus dem Jahre 2007. Bei der nachfolgenden Liste handelt es sich um einen Auszug.

Westhofen:

Aceratherium incisivum (Nashorn)
Tapirus intermedius (Tapir)
Hippotherium sp. (Ur-Pferd)
Deinotherium giganteum (Rüsseltier)
Tetralophodon longirostris (Rüsseltier)

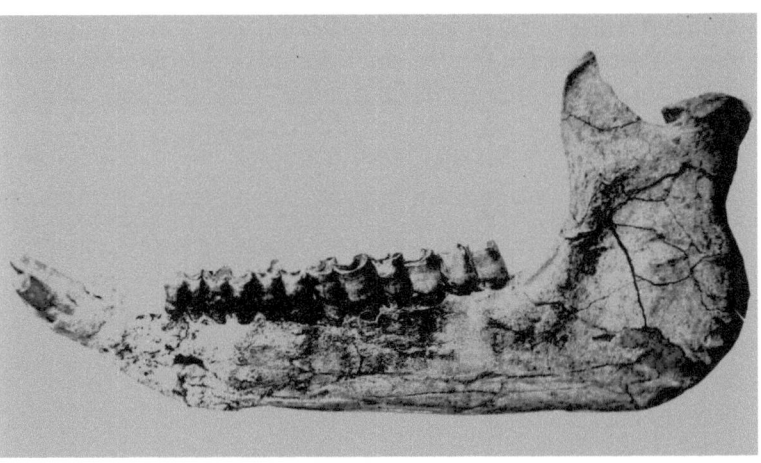

Unterkiefer des Nashorns Rhinoceros schleiermacheri (heute Dihoplus schleiermacheri genannt) auf einem alten Foto aus dem Jahre 1860

Eppelsheim:

Aceratherium incisivum (Nashorn)
Brachypotherium goldfussi (Nashorn)
Dihoplus schleiermacheri (Nashorn)
Chalicotherium goldfussi (krallenfüßiges Huftier)
Anchitherium sp. (Waldpferd)
Hippotherium primigenium (Ur-Pferd)
Dorcatherium naui (Wassermoschustier)
Euprox furcatus (Gabelhirsch)
Euprox dicranocerus (Gabelhirsch)
Heteroprox larteti (Gabelhirsch)
Micromeryx sp. (Zwerghirsch)
„Cervus" nanus (Zwerghirsch)
Miotragocerus cf. *pannoniae* (Wald-Antilope)
Propotamochoerus palaeochoerus (Schwein)
Conohyus simorrensis (Schwein)
Microstonyx antiquus (Schwein)
Prodeinotherium bavaricum (Rüsseltier)
Deinotherium giganteum (Rüsseltier)
Deinotherium levius (Rüsseltier)
Gomphotherium angustidens (Rüsseltier)
Tetralophodon longirostris (Rüsseltier)
Machairodus aphanistus (Säbelzahnkatze)
Paramachairodus ogygius (Säbelzahnkatze)
Ictitherium robustum (Hyäne)
Agnotherium antiquum (Bärenhund)
Amphicyon eppelsheimensis (Bärenhund)

Simocyon diaphorus (Katzenbär)
„Lutra" hessica (Fischotter)
Palaeomys castoroides (Biber)
Dryopithecus sp. (Menschenaffe)
Paidopithex rhenanus (Menschenaffe)
Rhenopithecus eppelsheimensis (Menschenaffe)
Plesiosorex roosi (spitzmausähnlicher Insektenfresser)
Crusafontina kormosi (spitzmausähnlicher Insektenfresser)
Talpa vallesensis (Maulwurf)
Trionyx sp. (Schildkröte)

Esselborn:

Aceratherium incisivum (Nashorn)
Brachypotherium goldfussi (Nashorn)
Dihoplus schleiermacheri (Nashorn)
Chalicotherium goldfussi (krallenfüßiges Huftier)
Hippotherium primigenium (Ur-Pferd)
Miotragocerus cf. *pannoniae* (Wald-Antilope)
Palaeomeryx eminensis (Giraffenverwandter)
Dorcatherium naui (Wassermoschustier)
Euprox furcatus (Gabelhirsch)
Heteroprox larteti (Gabelhirsch)
Prodeinotherium bavaricum (Rüsseltier)
Deinotherium giganteum (Rüsseltier)
Deinotherium levius (Rüsseltier)
Gomphotherium angustidens (Rüsseltier)
Tetralophodon longirostris (Rüsseltier)
Paramachairodus ogygius (Säbelzahnkatze)
Palaeomys castoroides (Biber)

Bermersheim:

Stegotetrabelodon gigantorostris (Rüsseltier)

Gau-Weinheim:

Aceratherium incisivum (Nashorn)
Brachypotherium goldfussi (Nashorn)
Anchitherium sp. (Waldpferd)
Tapirus priscus (Tapir)
Tapirus antiquus (Tapir)
Dorcatherium naui (Wassermoschustier)
Propotamochoerus palaeochoerus (Schwein)
Hyotherium soemmeringi (Schwein)
Listriodon splendens (Schwein)
Conohyus simorrensis (Schwein)
Prodeinotherium bavaricum (Rüsseltier)
Deinotherium giganteum (Rüsseltier)
Deinotherium levius (Rüsseltier)
Tetralophodon longirostris (Rüsseltier)
Amphicyon eppelsheimensis (Bärenhund)

Wissberg bei Gau-Weinheim:

Rhenopithecus eppelsheimensis (Menschenaffe)
Aceratherium incisivum (Nashorn)
Brachypotherium goldfussi (Nashorn)
Dicrocerus elegans (Nashorn)
Dihoplus schleiermacheri (Nashorn)
Tapirus priscus (Tapir)
Tapirus antiquus (Tapir)
Chalicotherium goldfussi (krallenfüßiges „Huftier")
„Cervus" nanus (Zwerghirsch)
Dorcatherium naui (Wassermoschustier)
Miotragocerus cf. *pannoniae* (Waldantilope)
Deinotherium giganteum (Rüsseltier)
Gomphotherium angustidens (Rüsseltier)
Tetralophodon longirostris (Rüsseltier)
Amphicyon eppelsheimensis (Bärenhund)
Machairodus aphanistus (Säbelzahnkatze)
Lutra sp. (Fischotter)
Steneofiber jaegeri (Biber)
Euprox dicranocerus (Zwerghirsch)
Trionyx sp. (Schildkröte)

Steinberg (Napoleonshöhe) bei Sprendlingen:

Aceratherium incisivum (Nashorn)
Hippotherium sp. (Ur-Pferd)
Prodeinotherium bavaricum (Rüsseltier)

Gau-Weinheim und der Wissberg – hier auf einer alten Ansichtskarte von 1938 zu sehen – gehören zu den bedeutendsten Fundstellen mit Ablagerungen des Ur-Rheins (Dinotheriensande) in Rheinhessen. Der Wissberg ist wie Eppelsheim ein weltbekannter Fundort von Säugetieren aus dem Obermiozän vor etwa zehn Millionen Jahren. Dort kamen in Sandgruben sogar fossile Reste von Menschenaffen zum Vorschein.

Luftbild des Dorfes Eppelsheim (Kreis Alzey-Worms): Als einzigartig in Rheinhessen gilt der von einem so genannten Gebück umgebene Ortskern. Dabei handelt es sich um eine Ringanlage aus dichtem Gebüsch, die von einem Graben begleitet wird. Früher war dieses Gebüsch mit zahlreichen Ulmen durchsetzt. Weil Ulmen in Rheinhessen als „Effen" bezeichnet werden, heißt diese Ringanlage auch „Effenring". Nachdem in den 1970-er Jahren viele Ulmen dem großen Ulmensterben zum Opfer gefallen waren, ersetzte man diese durch andere Laubbäume.

Attraktionen in Eppelsheim

Der Name der kleinen Gemeinde Eppelsheim südlich von Alzey spielt in den Wissenschaftsbereichen Geologie und Paläontologie aus gutem Grund eine große Rolle. Denn Eppelsheim im Rheinhessischen Hügelland, das geologisch zum Mainzer Becken gerechnet wird, gilt weltweit als eine der wichtigsten Fundstellen fossiler Säugetiere. Dort kam der historisch erste Fund eines fossilen Menschenaffen zum Vorschein.

Die nach dem riesigen Rüsseltier *Deinotherium giganteum* bezeichneten Dinotheriensande (auch Eppelsheimer Sande) im Gewann „Jörgenbauer" und im Gewann „Auf dem Alzeyer Weg" bei Eppelsheim sind Ablagerungen des Ur-Rheins aus der Zeit vor etwa zehn Millionen Jahren. Jene Sande liefern interessante Hinweise über diesen Vorläufer des Rheins, der einen ganz anderen Lauf als der heutige hatte. Und die in diesen Sanden überlieferten Reste von Säugetieren ermöglichen es, die Tierwelt zu jener Zeit zu rekonstruieren.

Eppelsheim liegt heute im rheinland-pfälzischen Landkreis Alzey-Worms und gehört zur Verbandsgemeinde Alzey-Land. Der Ort hatte am 31. Dezember 2007 – laut Bürgermeisterin Ute Klenk-Kaufmann – etwa 1330 Einwohner. Das schmucke Wappen von Eppelsheim zeigt links den goldenen Löwen und rechts einen grünen zweifruchtigen Apfelzweig in Gold.

Nach archäologischen Funden zu schließen, haben bereits in der Eisenzeit vor mehr als 2500 Jahren Kelten und einige Jahrhunderte später auch Römer in Eppelsheim gesiedelt. Hinterlassenschaften aus diesen Zeiten sind zwei keltische Mahlsteine und Funde aus einer römischen Villa rustica (ein Komplex von Wohn- und Wirtschaftsräumen).

Attraktionen in Eppelsheim: der Dalberger Turm (oben) und die Evangelische Kirche (unten)

Während der Regierungszeit von Kaiser Karl dem Großen (747–814) wurde Eppelsheim 782 in einer Urkunde des Klosters Lorsch erstmals erwähnt. Laut dieser Urkunde vermachte eine Frau namens Rutswind aus „Ebbelsheim" dem Kloster ein Gut mit drei Joch Ackerland.

Im Mittelalter umfasste der Dorfgraben bzw. Effenring das Dorf Eppelsheim. Wie weit seine Anfänge zurückreichen, weiß man nicht genau. In der Chronik ist lediglich ein Streit Ende des 14. Jahrhunderts zwischen dem Geschlecht der Dalberger in Worms und der Gemeinde Eppelsheim belegt. Beim Effenring handelte es sich um eine Ringanlage aus dichtem Gebüsch, der von einem Graben begleitet war. Das Gebüsch (ein so genanntes Gebück) war von vielen Ulmen durchsetzt. Diesen Ulmen verdankt der Effenring seinen Namen: Denn in Rheinhessen werden Ulmen als Effen bezeichnet. Der Dorfgraben diente einst als Flutgraben und Befestigungsanlage zum Schutz der Bewohner von Eppelsheim.

Aus Eppelsheim führen Straßen in alle vier Himmelsrichtungen. Einst waren diese vier Straßen an vier Pforten – Hangen-Weisheimer Pforte, Flonheimer Pforte, Dintesheimer Pforte, Alzeyer Pforte – durch Fallgitter besonders gesichert.

Zu Beginn des 20. Jahrhunderts war der Dorfgraben vor allem mit Ulmen bewachsen. Seit dem 11. März 1927 ist der Effenkranz in Eppelsheim als Naturdenkmal unter Schutz gestellt. Der Dorfgraben, der heute oft auch Allee genannt wird, blieb vom großen Ulmensterben in den 1970-er Jahren nicht verschont. Zwischen 1976 und 1981 mussten sämtliche Ulmen des Dorfgrabens gefällt werden. Danach hat man 550 andere Laubbäume angepflanzt.

Eine weitere Attraktion in Eppelsheim ist der um 1500 von dem Geschlecht der Dalberger in Worms errichtete Dalberger Turm, der damals als Wehr- und Wohnturm fungierte. In alten Urkunden wird der Dalberger Turm als „Wasserhaus" erwähnt, weil er von einem Wassergraben umgeben war, der vom nahen Dorfgraben gespeist worden ist. Der aus Kalksteinen erbaute Dalberger Turm hat ein Erdgeschoss und fünf Obergeschosse. Früher besaß er nur einen Zugang im ersten Obergeschoss und war lediglich über eine Leiter oder bewegliche Treppe erreichbar. Zusätzlich war der Turm von einer Mauer mit einem Wehrgang umgeben und mit in die Befestigungsanlage des Dorfes einbezogen. Der Dalberger Turm und das Ortsbild mit der Dorfumwallung stehen seit dem 30. September 1988 unter dem Schutz der Haager Konvention.

Eppelsheim liegt idyllisch inmitten der rheinhessischen Hügellandschaft. Das Bild der durch Weinbau und Landwirtschaft geprägten Gemeinde wird geprägt durch Bauernhäuser aus Kalkstein mit fränkischer Hofreite. Als Baumaterial für die Bauernhäuser diente der Hydrobienkalk, der vor etwa 21 bis 16 Millionen Jahren entstand und unzählige nur wenige Millimeter lange Wattschnecken der Gattung *Hydrobia* enthält.

Ein Wahrzeichen von Eppelsheim ist die Evangelische Kirche. Diese ehemalige Wehrkirche wird von einer mächtigen Kalksteinmauer umgeben. Weit über die Region hinaus bekannt ist die Barockorgel des Orgelbaumeisters Franz Stumm (1788–1859) aus Rhaunen-Sulzbach im Hunsrück, die am 18. Dezember 1815 in der Evangelischen Kirche eingeweiht wurde. Die Familie Stumm gehört zu den berühmtesten Orgelbauerdynastien in Deutschland.

Das 1836 erbaute alte Schulhaus beherbergt heute im Erdgeschoss die Büroräume der Gemeindeverwaltung, die Sparkasse und das Dinotherium-Museum sowie im Obergeschoss den Sitzungsraum für die Gemeinde und Übungsraum für Vereine.

Die 1918 errichteten Kalköfen in Eppelsheim gelten als Kulturdenkmal. Sie wurden 2006 restauriert und der Öffentlichkeit zugänglich gemacht. In den Kalköfen entstand durch „Brennen" von Kalksteinen Kalk.

Als Ausgangspunkt mehrerer Wanderwege dient der Parkplatz Sporthalle/Bürgersaal in Eppelsheim. Der Wanderweg Effenkranz (Markierung Ulmenblatt) ist etwa 1,5 Kilometer lang und

führt durch den ehemaligen mittelalterlichen Dorfgraben (Effenring) sowie an der 1953 errichteten Freilichtbühne vorbei. Etwa sechs Kilometer lang ist der Wanderweg Dinotheriumweg (Markierung Dinotherium-Schädel). Er bietet lohnende Ausblicke bis zum Odenwald, Donnersberg und Pfälzer Wald und führt durch das Naturschutzgebiet „Am Huckenhof" sowie an einer wissenschaftlichen Grabungsstelle vorbei, an der Ablagerungen des Ur-Rheins erforscht werden. Die Grabungsstelle liegt auf einem Privatgrundstück und darf nicht betreten werden. Außerdem verbietet das Denkmalschutzgesetz, nach dem in Rheinland-Pfalz Grabungen genehmigungspflichtig sind, das Suchen und Sammeln von Fossilien durch Privatpersonen! Auf dem Rückweg lohnt sich ein Besuch des 1833 entstandenen jüdischen Friedhofes. Der etwa zwei Kilometer lange Wanderweg Kalkofenweg (Markierung Kalkofen) führt zu den denkmalgeschätzten Kalköfen und zu einer nahe gelegenen Grillhütte, die man bei der Gemeinde mieten kann.
Seit 1867 besitzt Eppelsheim einen Bahnhof an der Bahnstrecke Bingen-Worms. Im Jahre 2000 hat man die Bahnsteige und das Bahnhofsumfeld für etwa 1,4 Millionen DM umgestaltet.
Der 17. September 1993 war ein großer Tag für Eppelsheim: Im Berliner „Internationalen Congress Zentrum" (ICC) nahm der damalige Ortsbürgermeister Heiner Roos aus den Händen von Bundeslandwirtschaftsminister Jochen Borchert und Sonja Gräfin Bernadotte beim Bundeswettbewerb „Unser Dorf soll schöner werden" die Goldmedaille und Urkunde entgegen.
Ein wahres Schmuckstück von Eppelheim ist das am 11. August 2001 im alten Schulhaus eröffnete Dinotherium-Museum. Dessen sehenswerte Ausstellung informiert mit Originalfunden, Kopien von Fossilien, Wandbildern und Fotos über die exotische Tierwelt am Ur-Rhein bei Eppelsheim vor etwa zehn Millionen Jahren.
Im Internet erfährt man Interessantes über Eppelsheim unter den Adressen http://www.eppelsheim.de und http://de.wikipedia.org/wiki/Eppelsheim

Dinotherium-Museum in Eppelsheim: Altbürgermeister Heiner Roos vor dem Eingang (oben) und Tischvitrine (unten)

Das Dinotherium-Museum in Eppelsheim

Eppelsheim verdankt der Idee und Initiative seines früheren Bürgermeisters Heiner Roos (geb. 1934) seit 2001 eine weitere Attraktion: das kleine, aber feine Dinotherium-Museum im alten Schulhaus. Roos hatte sich seit längerem mit der Geschichte seines Heimatortes befasst und vorgeschlagen, im Zuge von Renovierungsarbeiten im Rathaus ein Museum einzurichten. Dieses sollte die Erinnerung an die wissenschaftliche Bedeutung der Fundstellen bei Eppelsheim, ihre geologische Situation und ihre Fossilien wach halten.
In enger Zusammenarbeit mit dem Forschungsinstitut Senckenberg in Frankfurt am Main sowie getragen vom Interesse und der Einsatzbereitschaft Eppelsheimer Bürger reifte die Idee zur Ausführung immer mehr. Der Frankfurter Paläontologe Jens Lorenz Franzen schlug den einprägsamen Namen „Dinotherium-Museum" vor und erarbeitete dafür sämtliche Texte sowie ein Gesamtkonzept, das von den Senckenberg-Siebdruckern Helmut Langendorf und Alexander Häberlein optisch umgesetzt wurde. Bei der Namensgebung bezog er sich auf die umgangssprachliche Bezeichnung Dinotherium für den wissenschaftlichen Namen *Deinotherium* des Rhein-Elefanten, der bei Eppelsheim zum ersten Mal entdeckt wurde. Die Senckenberg-Grafikerin Renate Klein-Rödder entwarf das Signet.
Zum Gelingen des entstehenden Dinotherium-Museums trugen auch die Unterstützung der Gemeinde Eppelsheim, großzügige Spenden von Einwohnern, Leihgaben von Museen und der Einsatz vieler ehrenamtlicher Helfer bei. Die wissenschaftliche Beratung lag und liegt in den Händen des Paläontologen Jens Lorenz Franzen.

Abguss eines großen linken Oberschenkelknochens des Rüsseltieres Tetralophodon longirostris im Dinotherium-Museum in Eppelsheim. Dabei handelt es sich um ein Geschenk des Hessischen Landesmuseums Darmstadt.

Seit dem Eröffnungstag am 11. August 2001 zeigt das Dinotherium-Museum im Rathaus von Eppelsheim rund zehn Millionen Jahre alte Original-Funde aus dem Ur-Rhein, Kopien seltener Fossilien, eine Original-Publikation der Ausgräber August von Klipstein und Johann Jakob Kaup von 1836 über das Rüsseltier *Deinotherium giganteum*, ein riesiges Wandgemälde, Tierzeichnungen und Ausgrabungsfotos.

Bei den Originalfunden handelt es sich um Zähne und Knochenreste von Rüsseltieren (*Deinotherium giganteum, Tetralophodon longirostris*), von Nashörnern (*Aceratherium incisivum, Dihoplus schleiermacheri*), vom Ur-Pferd (*Hippotherium primigenium*), vom Tapir (*Tapirus priscus*), vom krallenfüßigen Huftier (*Chalicotherium goldfussi*) und vom muntjakähnlichen Gabelhirsch (*Euprox furcatus*). Kopien von Originalfunden stammen von Rüsseltieren und vom Bärenhund (*Amphicyon eppelsheimensis*).

Ein imposanter Blickfang ist der Abguss des 1835 bei Eppelsheim entdeckten Oberschädels des Rüsseltieres *Deinotherium giganteum* („Riesiges Schreckenstier"). Dabei handelt es sich um ein Geschenk des Naturhistorischen Museums Basel, das von den am Forschungsinstitut Senckenberg in Frankfurt am Main arbeitenden Präparatoren Olaf Vogel und Rolf Spitz auf Hochglanz gebracht wurde. Eindrucksvoll wirkt auch der Abguss eines großen linken Oberschenkelknochens vom Rüsseltier *Tetralophodon longirostris*.

Merklich kleiner, aber nicht weniger bedeutungsvoll sind die Kopien des rund 28 Zentimeter langen Oberschenkelknochens des gibbonähnlichen Menschenaffen *Paidopithex rhenanus* und eines Eckzahnes des rätselhaften Menschenaffen *Rhenopithecus eppelsheimensis*. Deren Originalfunde werden im Hessischen Landesmuseum Darmstadt aufbewahrt und gelten als wissenschaftliche Raritäten ersten Ranges.

In einer Vitrine des Dinotherium-Museums liegt aufgeschlagen eine gedruckte Kostbarkeit: Die Publikation der Ausgräber August von Klipstein und Johann Jakob Kaup mit dem Titel

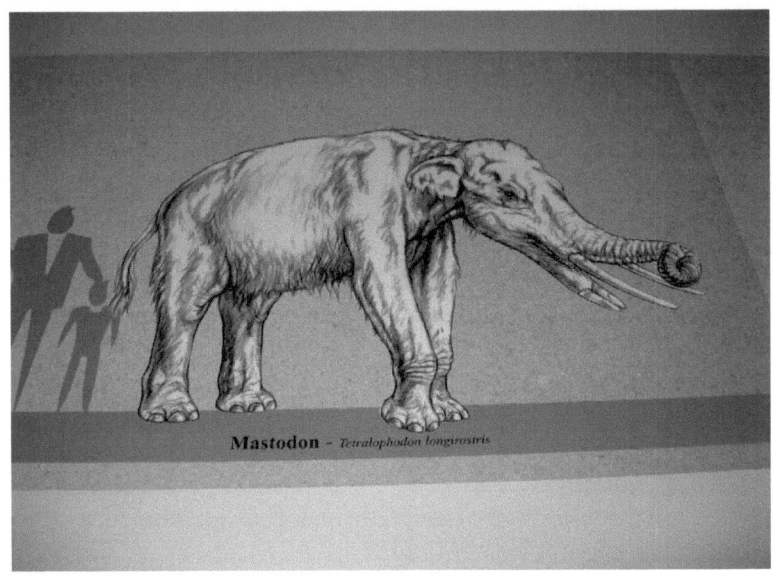

Im Dinotherium-Museum in Eppelsheim sind zahlreiche Zeichnungen exotischer Tiere, die vor etwa zehn Millionen Jahren an den Ufern des Ur-Rheins in Rheinhessen lebten, zu bewundern. Die Bilder wurden von dem akademischen Maler Pavel Major aus Prag im Auftrag der Gemeinde Eppelsheim angefertigt. Die Zeichnung oben zeigt das Rüsseltier Tetralophodon longirostris.

„Beschreibung und Abbildung von dem in Rheinhessen aufgefundenen colossalen Schedel des Dinotherii gigantei mit Mittheilung über die knochenführenden Bildungen des mittelrheinischen Tertiärbeckens", die 1836 in Darmstadt erschien.
Ein raumfüllendes Panoramabild im Dinotherium-Museum zeigt eine Szene am Ur-Rhein bei Eppelsheim vor etwa zehn Millionen Jahren. Darauf sind zu sehen: das hornlose Nashorn *Aceratherium*, der Gabelhirsch *Euprox*, das dreihufige Ur-Pferd *Hippotherium*, das krallenfüßige Huftier *Chalicotherium* und das riesige Rüsseltier *Deinotherium*. Als Vorlage für dieses Panoramabild diente ein im Auftrag der Gemeinde Eppelsheim von dem Prager akademischen Maler Pavel Major geschaffenes Originalgemälde. Dieses Gemälde ist von dem Senckenberg-Fotografen Sven Tränkner in Zusammenarbeit mit den erwähnten Siebdruckern Langendorf und Häberlein auf Raumhöhe vergrößert worden.
Aus der Hand von Pavel Major stammen auch zahlreiche Zeichnungen einzelner Tiere, deren Reste in den Dinotheriensanden bei Eppelsheim entdeckt wurden. Zu bewundern sind: der Biber *Palaeomys castoroides*, der Maulwurf *Talpa vallesensis*, die spitzmausähnlichen Insektenfresser *Crusafontina kormosi* und *Plesiosorex roosi*, die Nashörner *Aceratherium incisivum* und *Brachypotherium goldfussi*, die Waldantilope *Miotragocerus* cf. *pannoniae*, der Tapir *Tapirus priscus*, das krallenfüßige Huftier *Chalicotherium goldfussi*, das Schwein *Propotamochoerus palaeochoerus*, der Gabelhirsch *Euprox furcatus*, das dreihufige Ur-Pferd *Hippotherium primigenium*, die Rüsseltiere *Tetralophodon longirostris, Gomphotherium angustidens, Prodeinotherium bavaricum* (früher *Deinotherium bavaricum*), *Dinotherium giganteum*, die Säbelzahnkatze *Machairodus aphanistus*, die Hyäne *Ictitherium robustum*, der Bärenhund *Amphicyon eppelsheimensis* sowie die Menschenaffen *Dryopithecus* sp. und *Paidopithex rhenanus*.
Der Artname des spitzmausähnlichen Insektenfressers *Plesiosorex roosi* bezieht sich auf den eingangs erwähnten Alt-

Ansichtskarte (oben) und Postkarte mit Sonderstempel zur Eröffnung des Dinotherium-Museums in Eppelsheim am 11. August 2001 (unten)

bürgermeister Heiner Roos aus Eppelsheim, der sich um die wissenschaftlichen Grabungen sowie um die Gründung des Dinotherium-Museums in Eppelsheim verdient gemacht hat. Der in drei Teile zerbrochene linke Unterkieferast, nach dem diese bisher unbekannte Insektenfresser-Art beschrieben wurde, kam bei Grabungen des Forschungsinstitutes Senckenberg im Sommer 2000 bei Eppelsheim zum Vorschein. Die erste Beschreibung erfolgte 2003 durch die Paläontologen Jens Lorenz Franzen, Oldrich Fejfar und Gerhard Storch.

Im Dinotherium-Museum werden viele interessante Informationen geboten. Die Texte in der Ausstellung stammen von dem Paläontologen Jens Lorenz Franzen, der seit 2000 im Ruhestand ist und das Dinotherium-Museum konzipiert und mit aufgebaut hat. Schautafeln zeigen exotische Säugetiere, veranschaulichen die Entwicklung des Rheins und der Rüsseltiere. Fotos präsentieren Ausgrabungsszenen, Funde sowie die Ausgräber Kaup und Klipstein.

Besucher/innen des Dinotherium-Museums erfahren viel Neues. Eine Karte führt vor Augen, dass der Ur-Rhein einen ganz anderen Lauf als der heutige Rhein hatte. Und staunend liest man, dass das Rüsseltier *Deinotherium giganteum* auf einem Ersttagsbrief der Tschechischen Republik zum 100. Geburtstag des Malers Zdenek Burian (1905–1981) abgebildet war. Das Originalgemälde des Deinotheriums von 1940 wird im Tresor der Karls-Universität Prag aufbewahrt.

Wer will, kann aus dem Dinotherium-Museum für wenig Geld auch etwas mit nach Hause nehmen: eine Postkarte mit Sonderstempel zur Eröffnung des Dinotherium-Museums am 11. August 2001, bunte Ansichtskarten mit Ausschnitten aus dem Gemälde der Tierwelt am Ur-Rhein bei Eppelsheim von Pavel Major, die Jubiläumsschrift „1225 Jahre Eppelsheim" oder eine Flasche „Eppelsheimer Dinotherium-Wein" aus der Lage des weltberühmten Fundortes bei Eppelsheim.

Das Dinotherium-Museum ist jeden ersten Mittwoch eines Monats von 18 bis 20 Uhr und jeden dritten Sonntag im Monat

Ausgrabungsleiter Jens Lorenz Franzen vom Frankfurter Forschungsinstitut Senckenberg, der Paläontologe Oldrich Fejfar aus Prag und der damalige Grundstückspächter Heiner Bicking († 2006) aus Eppelsheim (von links nach rechts). Franzen und Fejfar sind die ersten Ehrenmitglieder des „Fördervereins Dinotherium-Museum e.V.".

*Bilder auf Seite 229:
Ehren-Urkunden
des „Fördervereins Dinotherium-Museum e.V."
für die Paläontologen
Jens Lorenz Franzen und Oldrich Fejfar*

von 10 bis 12 Uhr geöffnet. Es kann aber auch nach Vereinbarung besucht werden. Bei den interessanten Führungen wechseln sich mehrere Mitglieder eines Teams ab, bei dem 2009 der jüngste 18 Jahre und der älteste (Altbürgermeister Heiner Roos) 75 Jahre alt war. Der Besuch ist kostenlos, Spenden sind aber willkommen.

Am 11. März 2003 wurde in Eppelsheim der „Förderverein Dinotherium-Museum e.V." gegründet. Im Herbst 2008 zählte er bereits 129 Mitglieder. Ehrenmitglieder dieses Fördervereins sind der Paläontologe Jens Lorenz Franzen, einer der Ausgräber im Gewann „Auf dem Alzeyer Weg" bei Eppelsheim sowie wissenschaftlicher Berater des Dinotherium-Museums, und der Paläontologe Oldrich Fejfar aus Prag, der alljährlich an den Grabungen teilnimmt.

Zu den engagierten Mitgliedern des Fördervereins gehört Else Herr aus Eppelsheim. Sie ist Eigentümerin des Grundstückes im Gewann „Auf dem Alzeyer Weg", auf dem seit 1996 wissenschaftliche Grabungen erfolgen. Frau Herr sowie der derzeitige Pächter Ralph Bicking (zuvor sein Vater Heiner Bicking † 2006) erlauben die Grabungen ohne jegliche Gegenleistung.

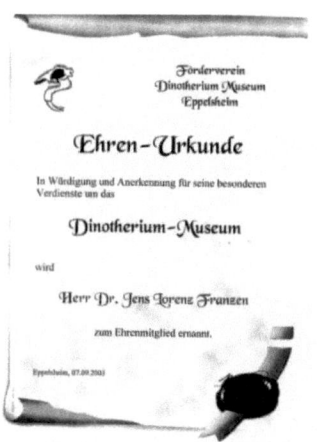

Der Bärenhund Amphicyon war im Miozän eines der größten Raubtiere in Deutschland. Er erreichte von der Schädelspitze bis zum Schwanzende eine Länge bis zu zwei Metern. Das Aquarell dieses Bärenhundes wurde 1985 von dem Kulmbacher Kunstmaler Max Wild (1911–2000) geschaffen.

Das Miozän: Die Welt
vor etwa 23 bis 5 Millionen Jahren

Die Epoche, in welcher der Ur-Rhein durch Rheinhessen floss, Mainz und Wiesbaden rechts neben sich liegen ließ und in der die Dinotheriensande bei Eppelsheim abgelagert wurden, ist das Miozän vor etwa 23 bis 5 Millionen Jahren. Mit dem Begriff Miozän wird auf den gegenüber dem vorhergehenden Oligozän (etwa 37 bis 23 Millionen Jahre) etwas höheren Anteil an moderneren Mollusken hingewiesen.

In dieser Epoche der Erdgeschichte türmten starke Bewegungen der Erdkruste die höchsten Gebirge auf. Durch den Zusammenprall der Afrikanischen mit der Eurasischen Platte wurden der Atlas, die Alpen und die Karpaten emporgehoben. Als das bis dahin vom asiatischen Kontinent noch unabhängige Indien mit Asien kollidierte, entstand der Himalaja. Die Geburtsstunde der Anden schlug, als Amerika und die Pazifischen Platten aufeinanderstießen. Alle diese Gebirgsfaltungen waren von starkem Vulkanismus begleitet. Die nach Norden treibende Afrikanische Platte engte den ehemaligen Meeresgürtel der Tethys vollends ein. Das jetzige Mittelmeer ist nur ein kleiner Teil davon.

Vor etwa 20 Millionen Jahren war die Antarktis bereits ganz mit Eis bedeckt. Die Eisfront schob sich gegen Ende des Miozäns mindestens 400 Kilometer weiter vor als heute. Weil große Wassermengen im Eis gebunden waren, sank weltweit der Meeresspiegel.

Im Untermiozän vor etwa 20 Millionen Jahren fiel die Beringstraße zwischen Nordamerika und Sibirien trocken. Auf der Bering-Landbrücke konnten Tiere von Nordamerika nach Asien und umgekehrt wandern. Bis zur Entstehung des Roten Meeres im Miozän war auch auf breiter Front ein Faunenaustausch zwischen Afrika und Asien möglich.

Europa und Asien wurden im Miozän durch das Restmeer der Tethys getrennt. Ein Ausläufer dieses Meeres (die Paratethys) erstreckte sich vom heutigen östlichen Mittelmeer einerseits über das Schwarze und Kaspische Meer bis zum Aralsee in Asien, andererseits über das Schwarze Meer und Dacische Becken zum Pannonischen Becken (auch Wiener Becken genannt) und weiter zum Molassebecken der Voralpen. Die Paratethys zerfiel allmählich in einzelne Becken. Reste davon sind heute der Neusiedler See, der Plattensee, das Schwarze Meer, das Kaspische Meer und der Aralsee.

In der Zeit zwischen etwa vierzehn und zwölf Millionen Jahren wurde die Meeresstraße von Gibraltar durch gebirgsbildende Erdkrustenbewegung und Meeresspiegelabsenkung blockiert. Das Mittelmeer hatte nun über Südwestspanien und die Rifstraße (Marokko) eine Verbindung zum Atlantik. Vor etwa zehn bis fünf Millionen Jahren hatte das Mittelmeer überhaupt keine Verbindung mehr zum Atlantik. Als Folge verdunstete wegen des heißen Klimas das Salzwasser des Mittelmeeres. So entstanden riesige Salzlager. Das amerikanische Bohrschiff „Glomar Challenger" ermittelte riesige Salzlager, für deren Entstehung eine etwa 1,5 Kilometer hohe Wassersäule in einem Gebiet so groß wie der indische Subkontinent verdunsten musste. Zu der Zeit, in der das Mittelmeer weitgehend austrocknete, waren über die Gibraltarbrücke und die sizilianisch-tunesische Landbrücke Tierwanderungen von Europa nach Afrika und umgekehrt möglich. Die in das Becken einströmenden Flüsse wie die Rhone und der Nil bildeten teilweise Süßwasserseen, die aufgrund der hohen Verdunstungsrate schnell brackisch und schließlich salzig wurden.

Vor etwa 5,5 Millionen Jahren ergossen sich die mittlerweile ausgesüßten Wässer der Paratethys durch die heutige Ägäis und den Karpathosgraben in das ausgetrocknete Mittelmeerbecken. Nun bildeten sich mehrere große Süß-Brackwasserseen, die so lange Bestand hatten, bis sich die Straße von Gibraltar erneut öffnete. Es muss ein grandioses Schauspiel gewesen sein, als vor etwa fünf Millionen Jahren Wassermassen aus dem Atlantik in das Mittelmeerbecken eindrangen und über die Meerenge zwischen Sizilien und Tunesien auch den östlichen Teil des Beckens zurück eroberten.

Die weltweit spürbare Klimaverschlechterung bewirkte, dass die subtropischen Urwälder in einigen Gebieten verschwanden. Zu Beginn des Tertiärs vor etwa 65 Millionen Jahren betrug die durchschnittliche Jahrestemperatur noch über 20 Grad, im Untermiozän 18 Grad und vor etwa zehn Millionen Jahren im Obermiozän nur noch 14 Grad. Im kältesten Monat lag die Durchschnittstemperatur am Ende des Tertiär sogar unter zehn Grad.

Aus klimatischen Gründen starben allmählich die Krokodile in Europas aus. Für das Überleben dieser wärmeliebenden Reptilien wären – laut Mitteilung des Mainzer Krokodil-Experten Dietrich E. Berg – mindestens 10 bis 15 Grad Durchschnittstemperatur erforderlich gewesen.

Auch im Gebiet von Deutschland waren Land und Meer im Miozän noch anders verteilt als heute. Zu Beginn lag die Küstenlinie der Nordsee östlich von Schleswig-Holstein. Das heutige Ostseegebiet war Festland. Die Nordsee erstreckte sich über Hamburg hinaus, bis in den Raum Hannover und zur Niederrheinischen Bucht bis in den Raum Köln. Im Miozän brachen in Deutschland zahlreiche Vulkane aus.

An der Meeresküste im Niederrheingebiet entwickelten sich im Schutz von Nehrungen ausgedehnte Sumpfwälder, Busch- und Riedmoore mit einer Vegetation, wie man sie jetzt aus den subtropischen Mooren von Georgia sowie an den Mississippi-Mündungen in Louisiana kennt. In den damaligen Sumpfwäldern wuchsen neben anderen Bäumen die Sumpfzypresse (*Taxodium*) und der Mammutbaum (*Sequoia*).

Aus dem Torf dieser miozänen Moore entstanden später die mächtigen Braunkohlenflöze der Ville sowie des Rur- und Erftgrabens zwischen Köln und Düren. Sie erreichen Mächtigkeiten bis zu maximal 100 Metern und gehören damit zu den größten Baunkohlenflözen der Erde.

Im Miozän stieß die Nordsee nur noch selten in das weitgehend abgeschlossene, brackisch-marine, teilweise Süßwasser führende Mainzer Becken vor. Es folgte ein mehrfacher Wechsel von Rückzügen und Ausweitungen des lagunenartigen Sees und dessen Zerfall in eine Seenplatte bis hin zum Austrocknen. Auch Südbayern wurde im Untermiozän vom Meer überflutet, das vor allem aus dem Rhonetal, von Niederösterreich und vom heutigen Alpenrandgebiet her vordrang. In Bayern folgte seine Küste etwa der Linie Kempten–Hohenlinden–Simbach am Inn. Noch vor dieser Meeresüberflutung bildete sich auf der nach Süden abfallenden Landoberfläche von Pfreimd bis mindestens Regensburg das Flusssystem der Ur-Naab heraus. Sie mündete in das später nach Niederbayern vorrückende Meer ein. Ihr Tal versumpfte. Aus den Pflanzenresten der Sumpflandschaft der Ur-Naab entstand unter anderem die Braunkohle von Schwandorf und Wackersdorf.

Im höheren Untermiozän rückte das Meer in Süddeutschland bis auf die Schwäbische Alb vor. An diesen Vorstoß erinnert die „Klifflinie". Diese mehr oder weniger hohe Geländestufe zieht von Tuttlingen im Westen bis Dischingen im Osten die Alb entlang. Sie ist aber nur streckenweise in der Landschaft zu erkennen, so etwa westlich von Blaubeuren. Das eigentliche Kliff, also die durch die Brandung erzeugte Steilwand, kann man am Ostende des Dorfes Heldenfingen auf der Ostalb sehen.

Infolge stärkerer Hebung der Ostalpen samt Vorland folgte ein Rückzug des Meeres nach Westen in die Nordostschweiz. Dadurch fielen das oberösterreichische und deutsche Molasse-Meeresbecken weitgehend trocken. Im niederbayerischen Teiltrog nordöstlich des Landshut-Neuöttinger Hochgebietes blieb ein verbrackendes und verlandendes Restmeer übrig.

Bei einem neuerlichen, von der Nordostschweiz ausgehenden

brackischen Meeresvorstoß wurde das östliche Bayern überflutet, zunächst bis zum Chiemsee und bis zur jetzigen Salzach, später auch bis Niederbayern. Dies war der letzte Vorstoß ins deutsche Molassebecken.

Es folgte die durch mächtige Ablagerungen von Flüssen gekennzeichnete Obere Süßwassermolasse, während der das nur sehr geringe Gefälle im Gegensatz zu heute von Osten nach Westen gerichtet war. Die damaligen Flüsse strömten somit von Oberösterreich aus zu dem von der Schweiz nach Südwesten zurückweichenden Meer. Das sich von Osten nach Westen ausdehnende Flussnetz wurde vor allem durch die Ur-Enns und Ur-Salzach gespeist. Diese Flüsse transportierten Abtragungsschutt aus den Tauern und Kalkalpen in das langsam einsinkende deutsche und schweizerische Alpenvorland.

In Süddeutschland wurden vor etwa 14,7 Millionen Jahren durch einfallende Meteoriten zwei ausgedehnte Krater ausgesprengt: das Nördlinger Ries in Bayern und das Steinheimer Becken (Kreis Heidenheim) in Baden-Württemberg. Durch den damals relativ hohen Grundwasserstand bildeten sich in diesen Kratern rasch große Süßwasserseen. Die durch das Ries-Ereignis ausgeworfenen Trümmermassen verschütteten die umliegenden Täler. Auch das Tal des Ur-Mains, der damals von Norden nach Süden floss und in das nach Südwesten in Richtung Rhonetal entwässernde Hauptflussnetz der Oberen Süßwassermolasse einmündete, wurde südlich von Treuchtlingen plombiert. Der aufgestaute Ur-Main bildete zwischen Treuchtlingen und Roth den riesigen Rezat-Altmühl-See, der später auslief.

Vermutlich hat das Ries-Ereignis noch in rund 300 Kilometer Entfernung in Oberösterreich Bergstürze ausgelöst, durch die der Lauf der Ur-Enns verändert und über den Schoberpass zum Grazer Becken abgelenkt wurde. Nach dem Einschlag des Ries-Meteoriten in Süddeutschland lassen sich keine Ablagerungen der Ur-Enns mehr in Bayern nachweisen.

Eine Ur-Donau gab es bis zum Ende der Oberen Süßwassermolasse im älteren Obermiozän in Süddeutschland nicht. Sie

drang erst vor etwa sechs bis sieben Millionen Jahren im ausgehenden Obermiozän von Niederösterreich aus durch rückschreitende Erosion immer weiter nach Westen in das mit den Alpen kräftig aufsteigende Vorland vor. Da die Alpen und deren Vorland im Westen stärker als im Osten gehoben wurden, kehrten sich das Gefälle und die Laufrichtung der Flüsse in Ost-West-Richtung um. Nach und nach gliederten sich immer mehr Zuflüsse vom Gebirge und von Norden her (beispielsweise der Ur-Main) der Ur-Donau an.
Im Miozän existierte – wie erwähnt – auch der Ur-Rhein in Rheinhessen. Sein Quellgebiet dürfte südlich des Kaiserstuhls gelegen haben. Ablagerungen dieses Flusssystems aus dem Obermiozän vor etwa zehn Millionen Jahren sind die Dinotheriensande (nach dem Rüsseltier *Deinotherium*) oder Eppelsheimer Sande in Rheinhessen sowie die etwas jüngeren Dorn-Dürkheimer Schichten. Dieser Ur-Rhein floss ab dem Raum Worms quer durch Rheinhessen über Westhofen, Eppelsheim, Bermersheim, den Wissberg bei Gau-Weinheim und den Steinberg (Napoleonshöhe) bei Sprendlingen (Rheinland-Pfalz) auf die Binger Pforte zu. Der damalige Strom berührte nicht – wie heute – die Gegend von Oppenheim, Nierstein, Nackenheim, Mainz, Wiesbaden und Ingelheim, was sich die meisten heutigen Bewohner dieser Orte schlecht vorstellen können.

Der Autor

Ernst Probst, geboren am 20. Januar 1946 in Neunburg vorm Wald im bayerischen Regierungsbezirk Oberpfalz, ist Journalist und Buchautor. Er arbeitete von 1968 bis 1971 als Volontär und Redakteur bei den „Nürnberger Nachrichten", von 1971 bis 1973 in der Zentralredaktion des „Ring Nordbayerischer Tageszeitungen" in Bayreuth und von 1973 bis 2001 bei der „Allgemeinen Zeitung", Mainz. Von 2001 bis 2006 war er zunächst als Buchverleger und später auch als Fossilien- und Antiquitätenhändler aktiv.
In seiner Freizeit schrieb Ernst Probst vor allem populärwissenschaftliche Artikel für die „Frankfurter Allgemeine Zeitung", „Süddeutsche Zeitung", „Die Welt", „Frankfurter Rundschau", „Neue Zürcher Zeitung", „Tages-Anzeiger", Zürich, „Salzburger Nachrichten", „Oberösterreichische Nachrichten", Linz, „Die Zeit", „Rheinischer Merkur", „Deutsches Allgemeines Sonntagsblatt", „bild der wissenschaft", „kosmos", „Deutsche Presse-Agentur" (dpa), „Associated Press" (AP) und den „Deutschen Forschungsdienst" (df).
Aus der Feder von Ernst Probst stammen zahlreiche Beiträge der Buchreihe „Geschichten, die die Forschung schreibt" sowie die Bücher „Deutschland in der Urzeit" (1986), „Deutschland in der Steinzeit" (1991), „Rekorde der Urzeit" (1992), „Dinosaurier in Deutschland" (1993 zusammen mit Raymund Windolf) und „Deutschland in der Bronzezeit" (1996).
2001 veröffentlichte Ernst Probst eine 14-bändige Taschenbuchreihe mit Biografien über berühmte Frauen („Superfrauen"). Insgesamt publizierte er mehr als 30 Bücher, darunter „Königinnen der Lüfte", „Königinnen des Tanzes", „Superfrauen im Wilden Westen", „Der Schwarze Peter. Ein Räuber im Hunsrück und Odenwald", „Monstern auf der Spur. Wie die Sagen

über Drachen, Riesen und Einhörner entstanden", „Nessie. Das Monsterbuch", „Archaeopteryx. Der Urvogel aus Bayern", „Affenmenschen", „Seeungeheuer", „Höhlenlöwen", „Säbelzahnkatzen" und „Der Ur-Rhein".
Gemeinsam mit seiner Ehefrau Doris gab Ernst Probst die Titel „Der Ball ist ein Sauhund. Weisheiten und Torheiten über Fußball" sowie „Worte sind wie Waffen. Weisheiten und Torheiten über die Medien" heraus. Zusammen mit seiner Tochter Sonja war er Herausgeber des Titels „Meine Worte sind wie die Sterne. Die Rede des Häuptlings Seattle und andere indianische Weisheiten".
In Teamarbeit mit dem Paläontologen Dr. Jens Lorenz Franzen aus Titisee-Neustadt und Altbürgermeister Heiner Roos aus Eppelsheim veröffentlichte Ernst Probst den vom „Förderkreis Dinotherium-Museum Eppelsheim" herausgegebenen Museumsführer „Das Dinotherium-Museum in Eppelsheim".

Wissenschaftsautor Ernst Probst

Literatur

ABEL, Othenio: In der Buschsteppe von Pikermi in Attika zur unteren Plioänzeit. Aus: Lebensbilder aus der Tierwelt der Vorzeit, S. 79–171, Zweite Auflage, Jena 1927

ABELE, Gerhard: Morphologie und Entwicklung des Rheinsystems aus der Sicht des Mainzer Raumes. Aus: DOMRÖS, Manfred / EGGERS, Heinz / GORMSEN, Erdmann / KANDLER, Otto / KLAER, Wendelin: Mainz und der Rhein-Main-Nahe-Raum. Festschrift zum 41. Deutschen Geographentag vom 30. Mai bis 2. Juni 1977 in Mainz, Mainz 1977

ALLGEMEINE DEUTSCHE BIOGRAPHIE: Ludwig, Rudolf. Band 19, S. 612, München 1884

ALLGEMEINE DEUTSCHE BIOGRAPHIE: Schleiermacher, Ernst. Band 31, S. 421, München 1890

ALLGEMEINE DEUTSCHE BIOGRAPHIE: Schleiermacher, Andreas. Band 31, S. 421, München 1890

BARTZ, Joachim: Das Unterpliocän in Rheinhessen. Mitteilungen des Oberrheinischen geologischen Vereins, 25, S. 119–226, Heidelberg 1936

BARTZ, Joachim: Die pliocän-diluviale Entwicklung des Mainlaufs. Zeitschrift der Deutschen Gesellschaft für Geowissenschaften, Band 89, S. 328–342, Stuttgart 1937

BEAUMONT, Gerard de: Recherches sur les félidés (Mammifères, Carnivores) du pliocène inférieur des sables à Dinotherium des environs d'Eppelsheim (Rheinhessen). Arch. Sci., 28 (3), S. 369–405, Genève 1975

BEAUMONT, Gerard de: Note sur deux nouvelles dents de vore du Vallèsien des Sables à Dinotherium de Rheinhessen. Arch. Sci., 40 (2), S. 225–229, Genève 1987

BEGUN, David R.: Phyletic Diversity and Locomotion in Primitive European Hominoids. American Journal of Physical Anthropology, 80, S. 311–340, Columbus 1992

BOENIGK, Wolfgang: Der Einfluß des Rheingraben-Systems auf die Flußgeschichte des Rheins. Zeitschrift für Geomorphologie, N.F. 42, Supplement-Band, S. 167–175, Berlin–Stuttgart 1982

BOENIGK, Wolfgang: Petrographische Untersuchungen jungtertiärer und quartärer Sedimente am linken Oberrhein. Jahresberichte und Mitteilungen des Oberrheinischen geologischen Vereins, N.F. 69, S. 357–394, Stuttgart 1987

BOENIGK, Wolfgang: Die pleistozänen Rheinterrassen und deren Bedeutung für die Gliederung des Eiszeitalters in Europa. Aus: LIEDTKE, Herbert (Hrsg.): Eiszeitforschung, S. 130–140, Darmstadt 1990

COX, Barry / DIXON, Dougal / GARDINER, Brian / SAVAGE, R. J. G.: Dinosaurier und andere Tiere der Vorzeit, München 1989

CUVIER, Georges: Recherches sur les ossemens fossiles ou'l'on retablit des caracteres de plusiers animaux dont les revolutions du globe ont detruit les especes, Paris 1812

DUBOIS, Eugène: Sur le *Pithecanthropus erectus* du Pliocène de Java. Bulletin de Société Belge de Géologie, 9, S. 151–160, Bruxelles 1895

ENGEL, Thomas: Briefe Johann Jakob Kaups an die Rheinische Naturforschende Gesellschaft in Mainz. Geschrieben zwischen 1839 und 1853. Aus: GRUBER, Gabriele / SCHNEIDER, Wolfgang (Herausgeber): Zu Ehren von Johann Jakob Kaup 1803–1873. Kaupia, Darmstädter Beiträge zur Naturgeschichte, 13, S. 3–16, Darmstadt 2004

FIEDLER, Lutz / FRANZEN, Jens L.: Artefakte vom altpleistozänen Fundplatz „Dorn-Dürkheim 3" am nördlichen Oberrhein, Germania, 80, S. 421–440, Frankfurt am Main 2002

FRANZEN, Jens L.: Die Großsäugerfauna aus dem Ober-Miozän (Turolium) von Dorn-Dürkheim I. Biostratigraphische und zoogeographische Aspekte. Abstr. 65. Jahrestagung der Paläontologischen Gesellschaft in Hildesheim 25.–30. September 1995. Terra Nostra 4/95, S. 265-27, Hildesheim 1995

FRANZEN, Jens L. / Dorn-Dürkheim 3. Grabungen an einer frühmittelpleistozänen Säugetierfundstelle in Rheinhessen. Aus: BEINHAUER, Karl W. / KRAATZ, Reinhart / WAGNER, Günther A.: *Homo erectus heidelbergensis* von Mauer. Kolloquium I: Neue Funde und Forschungen zu frühen Menschheitsgeschichte Eurasiens mit einem Ausblick auf Afrika. Mannheimer Geschichtsblätter, N.F., Bh. 1, S. 119–120, Sigmaringen 1996

FRANZEN, Jens L.: Die Säugetiere aus dem Turolium von Dorn-Dürkheim 1 (Rheinhessen, Deutschland). Teil 1: Carnivora, Proboscidea (Tetralophodontidae), Perissodactyla (Rhinocerotidae, Equide), Courier Forschungsinstitut Senckenberg, 197, S. 1–230, Frankfurt am Main 1997

FRANZEN, Jens L.: Erforschungsgeschichte, Geologie und Entstehung der Fossillagerstätte Dorn-Dürkheim. Courier Forschungsinstitut Senckenberg, 197, S. 5–10, Frankfurt am Main 1997

FRANZEN, Jens L.: Die große Flut – der Rheinhessensee. Natur und Museum, 129 (7), S. 211–212, Frankfurt am Main 1999

FRANZEN, Jens L.: Auf dem Grunde des Urrheins – Ausgrabungen bei Eppelsheim. Natur und Museum, 130 (6), S. 169–180, Frankfurt am Main 2000

FRANZEN, Jens L.: Der Rheinhessensee – neue Erkenntnisse, neue Fragen. Natur und Museum, 131 (4), S. 126–128, Frankfurt am Main 2001

FRANZEN, Jens L.: Dinotherium-Museum in Eppelsheim eröffnet. Natur und Museum, 131 (12), S. 449–450, Frankfurt am Main 2001

FRANZEN, Jens L.: Versuch einer Rekonstruktion der Entwicklung des rheinischen Flußsystems. Natur und Museum 132 (11), S. 408–423, Frankfurt am Main 2002

FRANZEN, Jens L.: Ein Paradies für Säugetiere? Das Obermiozän Mitteleuropas. Biologie unserer Zeit, 4, S. 234–242, Weinheim 2006

FRANZEN, Jens L.: Am Ufer des Urrheins. Jubiläumsfestschrift

1225 Jahre Eppelsheim 782, S. 9–12, Eppelsheim 2007
FRANZEN, Jens L.: Die Urpferde der Morgenröte. Ursprung und Evolution der Pferde, Heidelberg 2007
FRANZEN, Jens L. / STORCH, Gerhard: Die unterpliozäne (turolische) Wirbeltierfauna von Dorn-Dürkheim, Rheinhessen (SW-Deutschland). Entdeckung, Geologie, Mammalia: Carnivora, Proboscidea, Rodentia. Senckenbergiana lethaea, 56, S. 233–303, Frankfurt am Main 1975
FRANZEN, Jens L. / FEJFAR, Oldrich / STORCH, Gerhard / WILDE, Volker: Eppelsheim 2000 – new discoveries at a classic locality. Aus: REUMER, Jelle W. F. / WESSELS, Wilma (eds.): Distribution and migration of tertiary mammals in Eurasia. A volume in honour of Hans de Bruijn. Deinsea, 10, S. 217–234, Rotterdam 2003
FRANZEN, Jens L. / FEJFAR, Oldrich / STORCH, Gerhard: Die ersten Kleinsäuger (Mammalia, Soricomorpha) aus dem Vallesium (Miozän) von Eppelsheim, Rheinhessen (Deutschland). Senckenbergiana lethaea, 83 (1/2), S. 95–102, Frankfurt am Main 2003
FRANZEN, Jens L. / GRUBER, Gabriele: Johann Jakob Kaup (1803–1873) – ein europäischer Naturforscher des 19. Jahrhunderts. Aus: GRUBER, Gabriele / SCHNEIDER, Wolfgang (Herausgeber): Zu Ehren von Johann Jakob Kaup 1803–1873; Kaupia, Darmstädter Beiträge zur Naturgeschichte, 13, S. 3–16, Darmstadt 2004
FRANZEN, Jens L. / KULLMER, Ottmar: New hominoids from the sands with *Deinotherium* (Late Miocene, Rheinhessen, Germany), im Druck
FRANZEN, Jens L. / ROOS, Heiner / PROBST, Ernst: Das Dinotherium-Museum, Eppelsheim 2009
FREUDENBERG, Wilhelm: Beiträge zur Natur- und Urgeschichte Westdeutschlands., Heidelberg 1938
GAZIRY, Abdel Wahid: Die Mastodonten (Proboscidea, Mammalia) aus dem Turolium von Dorn-Dürkheim 1 (Rheinhessen). Teil 1: Mustelida, Hyaenidae, Percrocutidae, Felidae. Courier

Forschungs-Institut Senckenberg 197, S. 73–115, Frankfurt am Main 1997

GERVAIS, Paul: Zoologie et Paléontologie Françaises (Animaux Vertébrés) ou Nouvelles Recherches sur les Animaux vivants et fossiles de la France, 1. Auflage, Bände I–III, Paris 1842–1852

GÖHLICH, Ursula Bettina: Elephantoidea (Proboscidea, Mammalia) aus dem Mittel- und Obermiozän der Oberen Süßwassermolasse Süddeutschlands: Odontologie und Osteologie. Münchner Geowissenschaftliche Abhandlungen, Reihe A, Geologie und Paläontologie, München 1998

GÖHLICH, Ursula Bettina: Order Proboscidea. Aus: RÖSSNER, Gertrud / HEISSIG, Kurt: The Miocene land mammals of Europe, S. 157–168, München 1999

GRÄF, Irmgard E.: Die Prinzipien der Artenbestimmung bei Dinotherium. Palaeontographica Abt. A, 108, Lieferung 5/6, S. 131–185, Stuttgart 1957

GRUBER, Gabriele / SCHNEIDER, Wolfgang (Herausgeber): Zu Ehren von Johann Jakob Kaup (1803–1873), veröffentlicht vom Hessischen Landesmuseum, Darmstadt 2004

HAUPT, Oscar: Mischfauna der rheinhessischen Dinotheriensande und ihre Bedeutung für das Alter derselben. Geologische Rundschau, S. 317–319, Stuttgart 1914

HAUPT, Oscar: Andere Wirbeltiere des Neozoikums. Aus: SALOMON-CALVI, Wilhelm (editor): Oberrheinischer Fossilkatalog 4, S. 1–103, Berlin 1935

HELDMANN, Georg: Johann Jakob Kaup: Leben und Wirken des ersten Inspektors am Naturaliencabinet des grossherzoglichen Museums 1803–1873, Darmstadt 1955

HERDER-LEXIKON TIERE, Freiburg, Basel, Wien 1976

HERTLER, Christine / LUTZ, Herbert: Forschungsprojekt „Urrhein-Ablagerungen bei Eppelsheim – Dinotheriensande in Rheinhessen". Jahresbericht 2001, Rheinische Naturforschende Gesellschaft, Mitteilungen 23, S. 32–37, Mainz 2001

HOLZFÖRSTER, Frank / SOMMER, Jens / KULLMER,

Ottmar / LUTZ, Herbert: Der Ur-Rhein-Verlauf bei Eppelsheim (Rheinhessen) und sein tektonischer Ursprung. Mainzer naturwissenschaftliches Archiv 46, S. 37–52, Mainz 2008

HÜNERMANN, Karl Alban: Die Suidae (Mammalia, Artiodactyla) aus den Dinotheriensanden (Unterpliozän – Pont) Rheinhessens (Südwestdeutschland). Schweizerische Paläontologische Abhandlungen, 86, Basel 1968

HÜRZELER, Johannes: Contribution à l'odontologie et à la phylogenese du genre *Pliopithecus* GERVAIS. Annales de Paléontologie 40, S. 1–63, Paris 1954

KAUP, Johann Jakob: *Deinotherium giganteum,* eine Gattung der Vorwelt aus der Ordnung der Pachydermen, aufgestellt und beschrieben. Isis, 22, S. 401–404, Leipzig 1829

KAUP, Johann Jakob: Vier neue Arten urweltlicher Raubthiere, welche im zoologischen Museum zu Darmstadt aufbewahrt werden. Archiv für Mineralogie, Geognosie, Bergbau und Hüttenkunde 5, S. 150–158, Berlin 1832

KAUP, Johann Jakob: Über *Rhinoceros incisivus* Cuv. und eine neue Art, *Rhinoceros Schleiermacheri,* Kaup. Isis, 15, S. 898–904, Leipzig 1832

KAUP, Johann Jakob: Über die Gattung *Dinotherium,* Zusätze und Verbesserungen zum ersten Heft der Description d'ossements fossiles. Neues Jahrbuch für Mineralogie, Geognosie, Geologie und Petrefaktenkunde 4, S. 509–517, Stuttgart 1833

KAUP, Johann Jakob: Die zwei urweltlichen Pferdeartigen Tiere, welche im tertiären Sande bei Eppelsheim gefunden wurden, bilden eine eigene Unterabteilung der Gattung Pferd. Nova Acta physico-medica Academiae Caesareae Leopoldino-Carolinae Naturae curiosorum, XXII, S. 171–182, Bonn 1833

KAUP, Johann Jakob: Description d'Ossements des mammifères inconnus jusqu'à présent qui se trouvent au Muséum grandducal de Darmstadt. Cahiers 1–5, S. VI+31, +33–64, +65–89, +90–123, Darmstadt 1832–1839

KAUP, Johann Jakob: Ernst Schleiermacher. (Necrolog). Isis, 37, S. 558–560, Leipzig 1844

KAUP: Johann Jakob: Beitraege zu naeheren Kenntnis der unweltlichen Saeugethiere, Darmstadt 1854–1861

KAUP, Johann Jakob: *Über Machairodus cultridens* Kaup. Neues Jahrbuch für Mineralogie, Geognosie, Geologie und Petrefaktenkunde 30, S. 270–272, Stuttgart 1859

KELLER, Thomas: Geologische Diplomkartierung und Diplomarbeit, Frankfurt am Main 1982

KELLER. Thomas: Älteres wirbeltierführendes Mittelpleistozän am Hillesheimer Forst (Mainzer Becken). Mainzer geowissenschaftliche Mitteilungen, 23, S. 153–158, Mainz 1994

KELLER, Thomas / STORCH, Gerhard (Hrsg.): Hermann von Meyer – Frankfurter Bürger und Begründer der Wirbeltierpaläontologie in Deutschland. Kleine Senckenberg-Reihe, Band 40, Frankfurt am Main 2001

KLÄHN, Hans: Über die Todesursache tertiärer und pleistocener Landsäuger unter besonderer Berücksichtigung der Säugervorkommen in der mittelrheinischen Tiefebene. Zeitschrift der Deutschen Geologischen Gesellschaft, Berlin 1921

KLÄHN, Hans: Die beiden Mastodonten und ihre süddeutschen Verwandten, Berlin 1922

KLÄHN, Hans: Rheinhessisches Pliozän, besonders Unterpliozän im Rahmen des mitteleuropäischen Pliozäns. Geologische und Paläontologische Abhandlungen, N.F., Band 18, Heft 5, S. 279–339, Jena 1931

KLIPSTEIN, August von / KAUP, Johann Jakob: Beschreibung und Abbildung von dem in Rheinhessen aufgefundenen colossalen Schedel des *Dinotherii gigantei* mit Mittheilung über die knochenführenden Bildungen des mittelrheinischen Tertiärbeckens, Darmstadt 1836

KÖHLER, Meike / ALBA, David M. / MOYA SOLÀ, Salvador / MACLATCHY, Laura: Taxonomic Affinities of the Eppelsheim Femur. American Journal of Physical Anthropology 119, S. 297–304, Columbus 2002

KOENIGSWALD, Gustav Heinrich Ralph von: Bemerkungen zur Säugetierfauna des rheinhessischen Dinotheriensandes. Senckenbergiana, Band 11, Nr. 4, S. 267-279, Frankfurt am Main 1929

KOENIGSWALD, Gustav Heinrich Ralph von: *Metaschizotherium fraasi* n.g.n.sp., ein neuer Chalicotheride aus dem Obermiocän von Steinheim. Aus: Die tertiären Wirbeltiere des Steinheimer Beckens. Paleontographica/Supplement, Bd. 8, T. 8, Stuttgart 1932

KOENIGSWALD, Gustav Heinrich Ralph von: Gebißreste von Menschenaffen aus dem Unterpliozän Rheinhessens. Proceedings Koninklijk Nederlandse Akademie van Wetenschapen, Amsterdam 1956

KOENIGSWALD, Wighart von: Das Dinotherium von Eppelsheim. Aus: STEITZ, Heinrich (Hrsg.): 782–1982. 1200 Jahre Eppelsheim. Beiträge zur Geschichte und Berichte aus der Gegenwart der Gemeinde. Alzeyer Geschichtsblätter, Sonderheft 8, S. 17–29, Alzey 1992

KRAUSE, Rudolf: Zur Geschichte der Zoologischen Abteilung des Hessischen Landesmuseums in Darmstadt 1795–1914, S. 1–64, Darmstadt 1972

KUHN-SCHNYDER, Emil: Georges Cuvier 1769–1832. Weltenburger Akademie. Erwin-Rutte-Festschrift, S. 143–150, Kelheim/Weltenburg 1983

KULLMER, Ottmar / MORLO, Michael / SOMMER, Jens / LUTZ, Herbert / ENGEL, Thomas / FORMAN, Markus / HOLZFÖRSTER, Frank: The second specimen of Simocyon diaphorus (Kaup, 1931) (Mammalia, Carnivora, Ailuridae) from the type locality Eppelsheim (early Late Miocene, Germany). Journal of Vertebrate Palaeontology, S. 928–932, Deerfield 2008

KURZ, Cornelia / GRUBER, Gabriele: Bestandskatalog von Typusmaterial und weiteren Originalen von Johann Jakob Kaup in der paläontologischen Sammlung des Hessischen Landesmuseums Darmstadt. Aus: GRUBER, Gabriele / SCHNEIDER, Wolfgang (Herausgeber): Zu Ehren von Johann Jakob Kaup 1803–1873; Kaupia, Darmstädter Beiträge zur Naturgeschichte, 13, S. 31–75, Darmstadt 2004

LARTET, Édouard: Note sur un grand singe fossile qui se rattache au groupe des singes supérieurs. Comptes Rendues Academie des Sciences, 43, S. 219–223, Paris 1856

LUDWIG, Rudolf: Geologische Specialkarte des Grossherzogthums Hessen und der angrenzenden Landesgebiete. Section Alzey, S. 42–47, Darmstadt 1866

LUTZ, Herbert / FORMAN, Markus: Forschungsprojekt „Urhein-Ablagerungen bei Rheinhessen": Jahresbericht 2002. Rheinische Naturforschende Gesellschaft. Mitteilungen 24, S. 26–32, Mainz 2003

LUTZ, Herbert / NEUFFER, Franz Otto / ENGEL, Thomas / SOMMER, Jens / KULLMER, Ottmar: Die obermiozänen Dinotheriensande in Rheinhessen (Eppelsheim, Bermersheim v. d. H., u. a. Vorkommen). Aus: BRACHERT, Thomas / FASTNACHT, Michael (Red.): Biodiversität. Exogene & endogene Hintergründe. 73. Jahrestagung der Paläontologischen Gesellschaft, Mainz 29. 9. – 3. 10. 2003. Terra nostra 5/2003, S. 216–231, Mainz 2003

LUTZ, Herbert / ENGEL, Thomas / FORMAN, Markus: Forschungsbericht „Urrhein-Ablagerungen bei Eppelsheim – Dinotheriensande in Rheinhessen": Jahresbericht 2003, S. 40–42, Mainz 2004

LUTZ, Herbert / FORMAN, Markus / KULLMER, Ottmar / SOMMER, Jens / HOLZFÖRSTER, Frank: Forschungsprojekt „Urrhein-Ablagerungen bei Eppelsheim – Dinotheriensande in Rheinhessen". Jahresbericht 2005, Rheinische Naturforschende Gesellschaft, Mitteilungen 27, S. 35–38, Mainz 2006

LYDEKKER, Richard: On a new species of otter from the lower Pliocene of Eppelsheim. Proceedings of the zoological Society London, S. 3–5, London 1890

MELLER, Barbara: Eine Blatt-Flora aus den obermiozänen Dinotheriensanden (Vallesium) von Sprendlingen (Rheinhessen). Documenta Naturae, 54, S. 1–109, München 1989

MORDZIOL, Carl: Die Kieseloolithe in den Unterpliocänen Dinotheriensanden des Mainzer Beckens. Jahrbuch der König-

lich Preußischen Landesanstalt, Band 28, Heft 1, Berlin 1907
MORDZIOL, Carl: Über das jüngere Tertiär und das Diluvium des rechtsrheinischen Teiles des Neuwieder Beckens. Dissertation zur Erlangung der Doktorwürde bei der philosophischen Fakultät der Grossherzoglich Hessischen Ludwigs-Universität zu Gießen, Berlin 1908
MORDZIOL, Carl: Beitrag zur Gliederung und zur Kenntnis der Entstehungsweise des Tertiärs im Rheinischen Schiefergebirge. Monatsberichte der Deutschen geologischen Gesellschaft, 60 (No. 11), S. 270–284, Berlin 1908
MORDZIOL, Carl: Geologischer Führer durch das Mainzer Tertiärbecken. Sammlung Geologischer Führer, 16, XII, Berlin 1911
MORLO, Michael: Die Raubtiere (Mammalia, Carnivora) aus dem Turolium von Dorn-Dürkheim 1 (Rheinhessen). Teil 1: Mustelida, Hyaenidae, Percrocutidae, Felidae. Courier Forschungs-Institut Senckenberg 197, S. 11–47, Frankfurt am Main 1997
POHLIG, Hans: *Paidopithex rhenanus,* n. g. n. sp., le Singe anthropomorphe du Pliocène rhénan. Bulletin Société Belge de Géologie, 9, S. 149–151, Bruxelles 1895
PROBST, Ernst: Deutschland in der Urzeit, München 1986
PROBST, Ernst: Rekorde der Urzeit, München 2008
RICHTER, Max: Stratigraphie und Tektonik des Tertiärs am Südende der niederrheinischen Bucht. Zentralblatt für Mineralogie, Geologie und Paläontologie, Abt. B., 1934, S. 455–471, Stuttgart 1934
ROTHAUSEN, Karlheinz / SONNE, Volker: Mainzer Becken. Sammlung Geologischer Führer, Band 79, Stuttgart 1984
ROTH, Claudia H. / MORLO, Michael: Die Raubtiere (Mammalia, Carnivora) aus dem Turolium von Dorn-Dürkheim 1 (Rheinhessen). Teil 2: Ursidae. Courier Forschungs-Institut Senckenberg 197, S. 49–71, Frankfurt am Main 1997
SCHIRMER, Wolfgang: Der Mittelrhein im Blickpunkt der Erdgeschichte. Aus: KOENIGSWALD, Wighart von / MEYER,

Wilhelm: Erdgeschichte im Rheinland. Fossilien und Gesteine aus 400 Millionen Jahren, S. 179–188, München 1994
SCHIRMER, Wolfgang: Landschaftschaftsgeschichte im Europäischen Rheinland. GeoArchaeoRhein, 4, Münster 2003
SCHLOSSER, Max: Die menschlichen Zähne aus dem Bohnerz der schwäbischen Alb. Zoologischer Anzeiger, Band XXIV, No. 643, Leipzig, 13. Mai 1901
SCHOCH, Erhard Otto: Fossile Menschenreste, Wittenberg Lutherstadt 1973
SOMMER, Jens: Sedimentologie, Taphonomie und Paläoökologie der miozänen Dinotheriensande von Eppelsheim/Rheinhessen. Dissertation zur Erlangung des Doktorgrades der Naturwissenschaften, Hannover-Langenhagen 2007
SOMMER, Jens / KULLMER, Ottmar / HOLZFÖRSTER, Frank / FRANZEN, Jens Lorenz / LUTZ, Herbert: Die obermiozänen Dinotheriensande (Eppelsheim-Formation) bei Eppelsheim/Rheinhessen unter dem Gesichtspunkt neuer sedimentologischer, taphonomischer und paläoökologischer Ergebnisse. Mainzer Naturwissenschaftliches Archiv 47, Mainz 2009
STRUVE, Wolfgang: Zur Geschichte der Paläozoologischen Abteilung des Natur-Museums und Forschungs-Instituts Senckenberg. Teil 1: Von 1763 bis 1907. Sonderdruck aus Senckenbergiana lethaea, 48, S. 23–191, Frankfurt am Main 1967
TOBIEN, Heinz: *Miotragocerus* STROMER (Bovidae, Mamm.) aus den unterpliozänen Dinotheriensanden Rheinhessens. Notizblatt des Hessischen Landesamtes für Bodenforschung, 81, S. 52–58, Wiesbaden 1953
TOBIEN, Heinz: Neue und weniger bekannte Carnivoren aus den unterpliozänen Dinotheriensanden Rheinhessens. Notizblatt des Hessischen Landesamtes für Bodenforschung, 83, S. 7–31, Wiesbaden 1955
TOBIEN, Heinz: *Palaeomeryx eminens* H. v. M. (Cervoidea, Mamm.) aus den unterpliozänen Dinotheriensanden Rheinhessens. Neues Jahrbuch für Geologie und Paläontologie, Mh., 9, S. 483–489, Stuttgart 1961

TOBIEN, Heinz: Taxonomic Status of some Cenozoic Mammalian Local Faunas from the Mainz Basin. Mainzer geowissenschaftliche Mitteilungen, 9, S. 203–235, Mainz 1980
TOBIEN, Heinz: Bemerkungen zur Taphonomie der spättertiären Säugerfauna aus den Dinotheriensanden Rheinhessens. Weltenburger Akademie. Erwin-Rutte-Festschrift, S. 191–200, Kelheim/Weltenburg 1983
TOBIEN, Heinz: Die paläontologische Geschichte der Proboscidier (Mammalia) Mainzer Becken (BRD). Mainzer Naturwissenschaftliches Archiv, 24, S. 155–261, Mainz 1986
VOORHIES, Michael R.: Taphonomy and population dynamics of an early Pliocen vertebrate fauna. Knox County, Nebraska. University of Wyoming, Contributions to Geology Special Paper 1: p. 1–69, Laramy 1969
WAGNER, Wilhelm: Das Gebiet des unterpliocänen Ur-Rheins in Rheinhessen und seine Tierwelt. Die Naturwissenschaften, 34, Heft 6, S. 171–176, Berlin, Göttingen, Heidelberg 1947
WAGNER, Wilhelm: Die unterpliozäne Wirbeltierfauna vom Wissberg bei Gau-Weinheim in Rheinhessen. Wissenschaftliche Veröffentlichungen der Technischen Hochschule Darmstadt, I. Band, 4. Beitrag, S. 1–11, Heidelberg 1947
WAGNER, Wilhelm: Diluviale Tektonik im Senkungsbereich des nördlichen Rheintalgrabens und an seinen Rändern. Notizblatt des Hessischen Landesamtes für Bodenforschung zu Wiesbaden, VI. Folge, Heft 1, S. 177–192, Wiesbaden 1950
WAGNER, Wilhelm: Der Rhein im Rheingraben und im Mainzer Becken. Beiträge zur Rheinkunde, Heft 14, S. 22–34, Koblenz 1962
WEILER, Wilhelm: Gab es einen unterpliozänen „Eppelsheimer Fluß" in Rheinhessen? Zentralblatt für Mineralogie, Geologie und Paläontologie, Abhandlungen B, S. 168–179, Stuttgart 1932
WEITZEL, Karl: Neue Amphicyoniden aus dem Mainzer Becken. Notizblatt des Vereins für Erdkunde und der Hessischen Geologischen Landesanstalt zu Darmstadt für das Jahr 1930. V. Folge, 13. Heft, Darmstadt 1930

Bildquellen

Renate Adolfs, Bad Camberg: S. 7 (2. Foto von oben), 30
Bildarchiv von Universitätsbibliothek und -archiv der Justus-Liebig Universität Gießen: S. 10 (2. Foto von unten), 164
Professor Dr. Oldrich Fejfar, Paläontologisches Institut, Karls-Universität, Prag; S. 228
Gemeinde Eppelsheim: (Gemälde von Pavel Major, Prag): S. 7 oben, 14, 52, 90 oben,
Gemeinde Eppelsheim / Förderverein Dinotherium-Museum Eppelsheim: S. 11 unten, 76 oben, 80, 216 oben, 216 unten, 226 oben, 226 unten, 229 unten links, 229 unten rechts, (Zeichnungen von Pavel Major, Prag): S. 8 oben, 8 unten, 9 (2. Bild von unten), 94, 96 oben, 98 oben, 98 unten, 106, 110, 116, 122 unten, 128 oben, 134 oben, 134 unten, 138 (alle 5 Motive), 140 oben, 140 unten, 142 oben, 142 unten,
Forschungsinstitut Senckenberg, Frankfurt am Main: S. 126 unten rechts, 151
Dr. Jens Lorenz Franzen, Titisee: S. 13, 20 unten, 56, 204 oben, 204 unten, (Zeichnung Christine Hemm-Herkner): 34
Erwin Gottschlich, Gau-Weinheim: S. 11 (2. Foto von unten), 213
Dipl.-Ing. Ansgar Hemm, Bad Wildungen: S. 7 (2. Foto von unten), 44
Hessisches Landesmuseum Darmstadt: S. 9 (2. Bild von oben), 10 (2. Bild von oben), 78, 89, 96 unten, 104 oben, 104 Mitte, 104 unten, 118 oben, 122 oben, 126 oben links, 126 oben rechts, 126 unten links, 152, 160, 163, 167
Dr. Thomas Keller: Landesamt für Denkmalpflege Hessen, Abteilung Archäologie und Paläontologie, Schloss Biebrich, Wiesbaden: S. 11 oben, 174, 176 oben, 178, 184
Dr. Winfried Kuhn, Landesamt für Geologie und Bergbau Rheinland-Pfalz, Mainz: S. 36

Tom S. H. Lee, Toronto: S. 28
E. Leibenath, Leverkusen: S. 26
Luftbild mit freundlicher Genehmigung der Gemeinde Eppelsheim (Bürgermeisterin Ute Klenk-Kaufmann, Eppelsheim): S. 214
Naturhistorisches Museum Mainz / Landessammlung für Naturkunde Rheinland-Pfalz: S. 64, 70, 72, 112, 114
Papp Péter, Geologe, Magyar Állami Földtani Intézet (MAFI) / Geological Institute of Hungary, Budapest: S. 198
Privatarchiv, Mainz: S. 48
Ernst Probst, Mainz-Kostheim: S. 7 unten, 12 oben, 58 oben, 58 unten, 82, 203, 220 oben, 224, (Foto: Roman Größer, Darmstadt): 76 unten links, (Foto: Klaus Benz, Mainz): 238
Reproduktionen aus: ABEL, Othenio: Lebensbilder aus der Tierwelt der Vorzeit. Zweite erweiterte Auflage, Wien 1927: S. 8 (2. Bild von unten), 101, 102 oben, 109, 118 unten links, 118 oben rechts, 128 unten links, 128 unten rechts, 196
Reproduktion aus: HEER, Oswald: Die Urwelt der Schweiz, 2. Auflage, Zürich 1879
Reproduktion aus: KAUP: Johann Jakob: Beitraege zu naeheren Kenntnis der unweltlichen Saeugethiere, Darmstadt 1854–1861: S. 206
Reproduktionen aus: PROBST, Ernst: Deutschland in der Urzeit, München 1991: S. 10 unten, 168 (Gemälde von Fritz Wendler, Obergotzing): S. 187
Reproduktion aus: PROBST, Ernst: Rekorde der Urzeit, München 1992 (Karte von Rainer Veit, Mainz): S. 24
Reproduktion aus SCHEUCHZER, Johann Jakob (1672–1733). Flugblatt um 1726: S. 146
Reproduktion aus: Tiere der Urwelt (Creatures of the Primitive World), Series 1 and 2 Illustrated by F. John, Printed 1902 and 1906(?), Germany: S. 9 oben, 121
Reproduktion aus: TOBIEN, Heinz: Bemerkungen zur Taphonomie der spättertiären Säugerfauna aus den Dinotheriensanden Rheinhessens (Bundesrepublik Deutschland). Aus: Erwin-Rutte-

Festschrift, S. 191–200, Kelheim/Weltenburg 1983: S. 43
Reproduktion des Gemäldes eines unbekannten Malers: S. 159 unten links
Reproduktion einer alten Fotografie: S. 10 oben, 46, 173
Reproduktion eines Aquarells des Kulmbacher Kunstmalers Max Wild (1911–2000) aus dem Jahre 1985: S. 230
Reproduktion eines Gemäldes von 1890: S. 159 unten rechts
Reproduktion eines Kupferstiches von James Thomson (1789–1850), Portrait Prints of Men and Women of Science and Technology in the Dibner Library: S. 11 (2. Bild von oben), 188
Reproduktionen von Gemälden des Tiermalers Heinrich Harder (1858–1935), Berlin: S. 8 (2. Bild von oben), 86, 90 unten, 92, 132 oben, 132 unten, 133 oben, 133 unten,
Reproduktion: Steinmann-Institut für Paläontologie, Universität Bonn: S. 102 unten rechts
Heiner Roos, Dinotherium-Museum Eppelsheim: S. 84, 220 unten, 222
Jennifer Scheffler, Bilddatenbank für lizenzfreie Fotos www.pixelo.de: S. 9 unten, 148
Professor Dr. Wolfgang Schirmer, Wolkenstein: S. 22
Muséum de Toulouse / www.museum,toulouse.fr / CC-BY-SA3.0: 102 unten links (via Wikimedia Commons / This document is made as part of the Projet Phoebus), lizensiert unter CreativeCommons-Lizenz by-sa-3.0-de http://creativecommons.org/licenses/by-sa/3.0/legalcode
Dr. Jens Sommer, Geologe/Paläontologe, Hannover: 38, 58 oben, 60, 62, 66, 68 oben, 68 unten,
Dr. Gerhard Storch, Forschungsinstitut Senckenberg, Frankfurt am Main: S. 176 unten
TUD-Archiv, Darmstadt: S. 32

Bücher von Ernst Probst

Affenmenschen
Von Bigfoot bis zum Yeti

Archaeopteryx
Der Urvogel aus Bayern

Das Dinotherium-Museum in Eppelsheim
(zusammen mit Dr. Jens Lorenz Franzen und Heiner Roos)

Der Schwarze Peter
Ein Räuber im Hunsrück und Odenwald

Der Ur-Rhein
Rheinhessen vor zehn Millionen Jahren

Höhlenlöwen
Raubkatzen im Eiszeitalter

Rekorde der Urzeit
Landschaften, Pflanzen und Tiere

Rekorde der Urmenschen
Erfindungen, Kunst und Religion

Säbelzahnkatzen

Seeungeheuer. Von Nessie bis zum Zuiyo-maru-Monster

Meine Worte sind wie die Sterne
Die Entstzehung der Rede des Häuptlings Seattle
(zusammen mit Sonja Probst)

Die Bronzezeit

Die Aunjetitzer Kultur in Deutschland

Die Straubinger Kultur in Deutschland

Die Adlerberg-Kultur

Die nordische Bronzezeit in Deutschland

Die Hügelgräber-Kultur in Deutschland

Die Lüneburger Gruppe in der Bronzezeit

Die Stader Gruppe in der Bronzezeit

Die Urnenfelder-Kultur in Deutschland

Die Lausitzer Kultur in Deutschland

Taschenbuchreihe über Superfrauen:
Superfrauen 1 – Geschichte
Superfrauen 2 – Religion
Superfrauen 3 – Politik
Superfrauen 4 – Wirtschaft und Verkehr
Superfrauen 5 – Wissenschaft
Superfrauen 6 – Medizin
Superfrauen 7 – Film und Theater
Superfrauen 8 – Literatur
Superfrauen 9 – Malerei und Fotografie
Superfrauen 10 – Musik und Tanz
Superfrauen 11 – Feminismus und Familie
Superfrauen 12 – Sport
Superfrauen 13 – Mode und Kosmetik
Superfrauen 14 – Medien und Astrologie

Königinnen der Lüfte

Königinnen des Tanzes

Superfrauen aus dem Wilden Westen

Der Ball ist ein Sauhund
Weisheiten und Torheiten über Fußball
(zusammen mit Doris Probst)

Worte sind wie Waffen
Weisheiten und Torheiten über die Medien
(zusammen mit Doris Probst)

Bestellungen bei: www.grin.com

Coverbild: By Wallace63 (Own work) [CC-BY-SA-3.0 (http://creativecommons.org/licenses/by-sa/3.0) or GFDL (http://www.gnu.org/copyleft/fdl.html)], via Wikimedia Commons